一个人千万不要小看自己，
每一个人的自性里都有一个了不起的自己！

看见了不起的自己

王茹　国辉　杨雪◎主编
国小甜◎插图

中国妇女出版社

图书在版编目（CIP）数据

看见了不起的自己 / 王茹，国辉，杨雪主编 ；国小甜插图. -- 北京 ：中国妇女出版社，2025. 2. -- ISBN 978-7-5127-2457-0

Ⅰ. B848.4-49

中国国家版本馆CIP数据核字第2024C3D948号

责任编辑：丁　鼎
装帧设计：刘志华
责任印制：李志国

出版发行：中国妇女出版社
地　　址：北京市东城区史家胡同甲24号　　邮政编码：100010
电　　话：（010）65133160（发行部）　　65133161（邮购）
网　　址：www.womenbooks.cn
邮　　箱：zgfncbs@womenbooks.cn
法律顾问：北京市道可特律师事务所
经　　销：各地新华书店
印　　刷：大厂回族自治县德诚印务有限公司

开　　本：165mm × 235mm　1/16
印　　张：20
字　　数：330千字
版　　次：2025年2月第1版　　2025年2月第1次印刷
定　　价：88.00元

回归平凡

回归本真

回归自性

看见了不起的自己

序一

因为平凡，所以真实

Preface 1

收到王茹老师寄来的《看见了不起的自己》的初稿，中午时间就着一杯咖啡开始阅读，停不下来，决定下午请假，一口气读完它。

因为世上没有相同的人生，所以就有了多姿多彩的世界，这就是大自然创造的生命的大爱。我们一生穿梭在各种故事中，有了自己的故事，同时也成为别人的风景。文字很神奇，能为观者创造出一个“境”，让你坐在原地，身不动，心却能翱翔在不同年代、不同空间、不同人生里。本书的 30 个故事，让我在短短的一下午经历了 30 段迥异的人生，身临其境地跨越了几个时代，读书时耳根一直发热，感受着作者们热血澎湃的滚烫人生。

大家每天都忙忙碌碌，日复一日，或许都已经忘记了曾经的不易。在主编王茹老师的牵头下，因为一本书的机缘，30 个朋友安静下来，回顾过往，思考自己走到如今，交过的学费、浪费过的时间、付出过的代价，用自己的经历凝结出文字，呈现出走过的路，影响到更多人，这样的人生记录延展了他们的生命宽度。

读每段故事，我拥有了不同的人生体会，于是更加懂得了相比之下自己的幸福。我没有遇到梓绮的婚姻困顿，没有国辉的幼年丧母，没有小左的向阳而生……所以，我更应该珍惜命运恩赐给我的一切。我学习了春慧的觉察、丁丁的朴实、在亮的砭石疗法、江瑞的胆魄……这些故事让我反思，如果我拥有这样的人生，是否能够谱写出他们的精彩？每一段故事都是那么真实，那么朴实无华。生活在我们身边的平凡人，因为真实，所以才让人更有共鸣。

讲故事的书很多，每一本或许都是一场激情澎湃的人生，那为什么要推荐这本书呢？因为他们都源于平凡，在平凡的日子里走到了现在，或许依旧平凡，但如今却是心安理得的平凡。是的，我们每一个平凡的人心里都藏着不平凡的自己，只要我们愿意去细细研磨，就会像金子一样发光。

我也是一个平凡的人，也喜欢用文字记录我经历的平凡，跟这30位平凡而又了不起的作者一样，记录是为了不忘记自己走过的路。当你看到这些文字时，就像是听见我们在喃喃自语，跟自己在讲悄悄话。真实，是你愿意读下去的最好理由。

推荐大家都来读这本平凡人写的《看见了不起的自己》，感受30段不同的人生。如果你愿意，也提起笔吧，写写你的平凡，延展你的生命，那时你会发现，原来自己也是一座闪闪发光的金矿，也可以成为了不起的自己。

袁红艳（金富集团总经理）

代表作：《女人向上》《女子向阳》

2023年10月10日于小栈

序二

回归自性，看见了不起的自己

Preface 2

我的人生导师在读书研习社分享说：一个人千万不要小看自己，每一个人的自性里都有一个了不起的自己。

那么，你觉得自己了不起吗？

我们时常感到自己太平凡、太渺小了，梦想功成名就，看起来却遥遥无期。

你害怕一事无成吗？

曾经有一段时间，我心里充满了恐惧，害怕自己一事无成。人生过半，为什么还一事无成，觉得离自己想要的越来越远了呢？

2017 年，当我把做好的新书《学点哲学》送给当代马克思主义哲学泰斗陈先达教授时，他非常满意，还送给了中国人民大学的各级领导。之前陈老师写的图书都是专业性较强的，而《学点哲学》通俗易懂，人人都可以学。这本书刚一上市，就被《人民日报》等各大媒体报道，市场反馈非常热烈。

陈老师鼓励我："王茹，你有出版家的潜质哟，未来一定可以当出版家。"

是呀，我离开磨铁时就为自己种下了一枚"种子"，希望自己在出版业有一席之地。于是，我种下了一个"出版家"的梦想。

然而，那段时间别说梦想了，连生存都成问题。有一天，我感到非常沮丧，就和 7 岁的梓百老师聊天。

我告诉梓百老师："梓百老师，妈妈做的图书最近销售非常不好。妈妈未来当不了出版家啦。"

梓百老师鼓励我说："妈妈，当得了出版家，当不了出版家，都没有关系；你出好书出坏书，都没有关系，只要你把这件事情当作玩一样就可以啦。"

我说："如果出坏书，妈妈是无法原谅自己的。妈妈要做好书。"

梓百老师接着鼓励我："妈妈，你每天为自己鼓鼓掌，每天鼓励一下自己。你一次一次鼓励自己，你就会发现自己进步啦。你要乐在其中，把这一切当作'玩'，享受这个过程就好啦。"

我听到梓百老师说这些话时，非常震撼。

梓百老师还安慰我："当不了出版家，当得了出版家，都没有关系。只要你尽力就好了。妈妈，你把大脑里多余的信息、多余的压力都排出来，我可以为你做做眼保健操，为你解压。"

我用力抱抱亲爱的梓百老师，因为这段话对我触动颇深，于是我让他又说了一遍，并用手机录了下来。

梓百老师是一个非常了不起的孩子，总是有自己独到的见解。我忽然发现，原来小孩子如此智慧，如此"本自具足"。我遇到难题时，会坦诚地与他聊天。

正是因为这段对话，我放下了对"出版家"的执念。

我热爱图书行业，把自己的生命献给了一本又一本好书。结缘图书领域 20 余载，一本又一本好书见证了我的成长，我原来不是一事无成。

身边处处是“金矿”

新冠肺炎疫情那3年，我停下奔跑，开始深度思考。

10年前我出品的图书《病由心灭》，在疫情期间帮我开启了“自性觉醒”的门。因为其他图书销量都受挫，这本图书的销量却出奇地好。

我恍然大悟，原来我身边处处是“金矿”，而我却一直在外求——追求外在的“名利繁华”。那一刻，我忽然悟到：“繁华皆是假象，自性方是本真。”

很多人像我一样，在追求梦想的路上实现了一个又一个目标，却发现欲望永无止境，心里充满了躁动、不安和恐惧。

因为我们在追求梦想的路上把灵魂深处的“自性”和“本真”遗忘了。

我又深度阅读了《病由心灭》，书中告诉我们：心情是人生中最为宝贵的财富。人要在“心”上下大功夫，才能找到人生的本质。财富、名利、遇事遇人，皆是来修正我们的“心”，提醒我们回归“自性”的。

当我们开始“内求”时，便可以回到“自性”和“本心”，和外在的世界不再隔离，而是和丰盈的宇宙在一起，与家人朋友们共同分享这份丰盈。我们就是世界整体的一部分，这个整体是非常完整和富足的。

当我觉察到这一点时，我的生命开始充满喜悦和富足，心中充满爱和感恩。机缘巧合之下，我和几位同频的老师一起发起了这个“金矿故事”项目，我们努力写好自己的品牌故事，让每一个人都觉察到自己是一座大大的“金矿”，看到自性中都住着一个了不起的自己。

回归自性，看见了不起的自己

“自性”是什么？

“自性”就是宇宙能量在生命中的原点，如同太极图中的原点一样，也是我们常说的“一”——一生二，二生三，三生万物。

那么，如何回归自性，如何看见了不起的自己呢？

我们在《看见了不起的自己》这本图书里，用 30 位伙伴的故事为大家演绎“如何回归自性”，如何“看见了不起的自己”。

这本书原本叫《每一个人都是金矿》，后来成了“金矿故事”系列图书的第一本——《看见了不起的自己》。全书分为三个板块：内求篇、富足篇、光芒篇。

更多精彩故事尽在《看见了不起的自己》，希望更多的读者通过这本书真正看见了不起的自己，活出了不起的自己。

每个时代，都是平凡的人推动它一路向前的。

回归自性，你就能看见了不起的自己。

王茹（图书策划人）

2023 年冬季大雪于北京

轉念一瞬間世界兩重天

福佰

目录

Contents

内求篇

Chapter 1

韩老师跟迟到的孩子搞“头脑风暴”，鼓励他们说出迟到的原因和解决办法，教育方式有趣又有效。她总是引导和激发孩子的天赋潜能，在她的课堂上，孩子们个个都是小诗人。

黄千金是“创二代”，大家都称呼她“某某总女儿”。失恋、公司裁员、妈妈生病……一系列打击突然降临后，千金决定做回自己……

40 多岁时，就职于央企的王莹决定辞职创业，本来初衷是“给更多女性带来激励”，但忙活了两年多却一直亏损，她崩溃地骂自己：“你的能力根本就配不上你的野心！”……

带领的团队连续 3 年业绩拔尖，孩子成绩名列前茅，父母健在，与公婆相处融洽，老公体贴入微……这样的“人生赢家”，却在经历了一件小事后，变得无比焦虑。

Chapter 2

富足篇

居庸关不起眼的交通标志牌的紧固结构给了吴钢发明灵感，这不仅让他解决了工作难题，还收获了专利和论文。在他看来，人生如闯关，每闯过一关就会看见新的风景。

徐心当临聘教师时的政策是：在学校工作满一年的专业对口的本科学历者，或者专业不对口但聘够 3 年的人才能参加教招考试。而她都不符合，这意味着她连考试资格都没有，怎么办？

当母亲的胳膊疼痛时，孙医生使出浑身解数也没效果，气得他直骂自己“窝囊”。偶然结缘了一位老中医，孙医生得到了一块黑不溜秋的石头，据说它可以治好他母亲，有这么神奇吗？

江瑞女儿雅思考了 7.0 分，SAT1460 分，两小时内跑完半马，修习内家拳，10 来岁就能独自准备十几人的饭菜……

丁捷

丁捷自幼长在演艺圈，差点成了演员；祖上行医，母亲希望他继承衣钵，他却被《罗马假日》迷住做了记者，还去了法国深造。后来回国创业失败……但他怎么又成了医生呢？

陈玲

高考后，好友的话点醒了陈玲：你的热爱在哪里？为了逐梦，她努力拿了奖学金，还获过省级征文比赛一等奖。如今，她合作过上千位作家，经手了几万部作品，有的成功改编，有的成了爆款……

柴晓庆

陪妈妈动了4次大手术后，晓庆决定帮妈妈为自己而活。然而，妈妈担心麻烦她，总是拒绝。晓庆不得不揣摩妈妈的真实想法，还得让妈妈没有心理负担地享受人生，挺难……

光芒篇

Chapter 3

一个人，只有看见自己，找到自己，才会拥有这个世界。

Chapter 1

内求篇

一个人，只有看见自己，
找到自己，才会拥有这个世界。
一切向内看！

姓名：陈梓绮
城市：广东湛江
身份：高级家庭教育指导师、“三归”理念体系创始人
个人愿景：此生只为家庭教育而来，为天下家庭点亮一盏心灯。

陈梓绮：洗尽铅华，内求归真

看见了不起的自己：内求归真

当人回归到本真之时，一切都会昭然可见。

外求皆苦，内求方真。当我深陷命运沼泽时，阅读像一叶轻舟，带迷茫的我慢慢远离泥潭。从 2009 年开始践行公益和家庭教育，15 年来，我始终坚持自主学习、自我探索、自性成长，穿越保护层、脆弱层、本质层，看见了不起的自己，成功跨越了人生冰火两重天，如火凤凰般涅槃重生。

外求皆苦，虚荣妄我

少年时的我以为富足就是“有钱”，立下了“我要有钱”的志向。在目标的裹挟下，我读书非常努力，不仅顺利考上了重点大学，还成了一名人民警察，邂逅做生意的先生，让家人过上了我认为的“富足”生活。

那时的我在众人眼中要风得风，要雨得雨——住着海边别墅，面朝大海，春暖花开；开着豪华汽车，每天十指不沾阳春水，并且还有着令人尊敬的工作。

然而，命运从来就不会十全十美。当我步入婚姻后，我心态就变了，心想可算找到了“米饭班主”，取得了“长期饭票”，有了“保险箱”，甚至不再用心打扮自己，也不再持续学习成长了。我甚至任性地认为，先生和家人是我最亲的人，就应该无条件地接纳“真实的我”——暴躁易怒、焦虑不安、情绪失控的我。

因为职业需要，我经常早出晚归，“5+2”“白加黑”，全年无休。虽然在婚姻里我“不求上进”，但我是同事公认的“眼中只有工作”的“女强人”和“女扛人”。由于压力大、情绪差，我全身长满了湿疹，因瘙痒而彻夜难眠。我的衣柜里从来没有过一件短袖衫和裙子，黑黑瘦瘦的像个人干，同事还给我起了个外号——“难民”！老公对我敬而远之，婚姻大厦岌岌可危。

钱越来越多，房子越换越大，车子越换越豪华，心却越来越空，与家人也越走越远，只有孤独像幽灵似的与我如影随形。我趁着夜深人静在空旷的街道上迷茫地开车，音乐开到最大也掩盖不了我的哭泣声，海风呼呼地从敞着的车窗往里灌，可眼泪如瀑布般干不了。

“这绝对不是我想要的生活！”心底有个声音非常坚决地提醒我。可在黑暗的命运泥淖中苦苦挣扎时，我茫然、彷徨、无助，看不到一点点光……

阅读成长，寻觅自我

水到穷处是风景，人到绝境是重生。

2009 年，我偶然读到了张德芬老师的《遇见未知的自己》。这本书犹如一道光，照进了我暗无天日的生活——“亲爱的，外面没有别人，只有自己”。在张德芬老师的指引下，我接触了印度克里希那穆提等国内外心灵成长老师，像一条濒临死亡的小鱼重回溪流，如饥似渴地汲取心理营养，旧有消极的认知模式一次次被新思想颠覆和冲刷，新的思想世界被无限扩展和延伸。此时的我，才真正沉下心来思考“我是谁”“我来自哪里”“我又将去往何处”的人生哲学问题。我带着人生困惑，以书籍为伴，开启了一场“寻找自我”的成长之旅。

2018年初，我成为樊登读书会公益讲书人，传播阅读的快乐。2020年，我开始研究中华传统文化，才恍然大悟：外求其实是为了回归本心。十年读书，我涉猎中外各类书籍，最后却是在回归中华传统文化后心才得以安定。

三毛曾说："读书多了，容颜自然改变。许多时候，自己可能以为许多看过的书籍都成过眼烟云，不复记忆，其实它们仍是潜在的。在气质里，在谈吐上，在胸襟的无涯，当然也可能显露在生活和文字中。"在浩瀚宇宙中，我意识到自己宛若恒沙微尘，虽然渺小，却也自成一世界。我终于通过阅读看到了自己的了不起，也找到了自己的人生使命！

15年的自性成长探索，我从"惊慌失措找自己"到"喜悦平和做自己"，不仅遇见了最美好的自己，还陪伴很多女性走过了人生至暗时刻，被大家称为"黑暗中的点点微光"。很多女性朋友说："梓绮，我想成为你那样的人。"

这一路走来，我发现所有的经历都是值得的，所有的人、事、物都是来帮助我成为更有爱心、更有智慧、更有力量的人。真正的幸福就像是不倒翁一样，无论外力如何推你，你都可以再一次回到面带微笑的生命状态。

人在这个世界上，其意义从来不表现为建构出完美的世界与功业，而是在这个非圆满的世上建构出圆满的心灵与圆满的存在。如同克里希那穆提所说："一只站在树上的鸟儿，从来不会害怕树枝断裂，因为它相信的不是树枝，而是它自己的翅膀。"

家庭教育入道，陪伴忘我

2015年，正值青春期的儿子叛逆严重，我咬牙在事业巅峰时放弃了拼搏多年得来的职位和薪资，进入一个基层单位，只为全心、全意、全然陪伴他。

2016年，我开启了家庭教育的求知成长之旅。

2017年，我在儿子的学校附近租了高价房，只希望他知道，不管遇到什么挫折，都有一盏灯为他守候，不管多晚都能吃到妈妈煮的热饭菜，临睡前我还会陪他练习半小时投篮。

当初中班主任告诉我儿子体育考试为0分时，我选择相信他的无限潜能。

当儿子说不想上学了，尽管我备感挫折和痛苦——我多么希望他成为超级学霸，但我知道他或许注定是一只被我牵着散步的小蜗牛，也有可能他只是为台上英雄鼓掌的路人甲或路人乙……我选择相信他只是一个很普通的孩子，经过深思熟虑后，我同意了他的选择。人生是一场马拉松，起步慢一点，或许对结果来说并不那么重要。是的，我允许他对自己经历的一切做出选择并承担结果。

儿子曾写了一篇文章——《有一种声音牵动我的心灵》：

声音无处不在，风声、雨声、笑声、歌声、电话那头的叮嘱声……总有一种声音在我耳畔响起，牵动我的心灵，那就是妈妈的声音。

有一次我的数学小测试只拿了9分，全班倒数第一。想到回家要被家长责骂，心拔凉拔凉的。我走出教学楼，阴沉沉的天空如人忧郁发愁的心情，下起了雨，令人感到更加悲伤、难过。我没带雨伞，走入雨中，任凭雨肆意洒在身上，悲凉、无助涌上心头。一回到家，妈妈看着全身滴水的我，微笑着拍拍我的肩，说："赶快去冲个澡，换套衣服，当心感冒。"

洗完澡，我小心翼翼地告诉妈妈数学考试不及格这件事后便垂下头，做好挨骂的准备。谁知耳畔响起了妈妈温柔的声音："如果这次考不好，下次争取考好一点就可以了。"听到妈妈善解人意的温暖话语，我差点落泪了，抬起头刚好与妈妈关切的目光不期而遇，"你已经尽力了，妈妈知道。"

我恨不得抽自己一个大耳光，对平时上课经常说话、没有认真听课后悔不已。我暗下决心：好好用心听课，认真完成作业，下次争取考个好成绩报答妈妈。

世界上有一种声音牵动我的心灵，那是——妈妈的声音。

我一直坚持学习，陪伴孩子成长，慢慢地，儿子开始蜕变了……

儿子从初二年级惨不忍睹的体育考试0分，到高二年级成为叱咤球场的篮球队队长；从差点连高中都考不上，到初三最后一个月选择每晚学习至12点，总分提升100多分顺利考入高中；从高一班级排名倒数，到跃居全班第15名，荣获“文明学生”“体育积极分子”“劳动积极分子”等荣誉称号，学考政治全班第一，立志学考全A。

儿子选择艺考，集训时每天往返3个来回，风里来，雨里去，从不缺席，从不迟到。他选择早起锻炼身体，叫醒他的不是闹钟，不是家长，而是心中的梦想。

2023年2月，我作为唯一的家长代表，在学校高三学子18岁成人礼上发言。当我看到儿子被同学们簇拥拍照时，那只慢慢长大的小蜗牛，终于长成了他自己本来的样子，我深感欣慰。

2023年7月，儿子高三最后3个月奋力冲刺，高考总分提升了83分，冲过了本科线，顺利被武汉某学院录取。进入大学后，他参选学生会，参加合唱团，担任宿舍舍长，积极阳光地绽放生命光彩。

花开自有期，绽放亦有时。我选择了用心守护一抹暖阳，静待一树花开。让世界地动山摇的，不是黄金和武器，而是爱与美好。陪孩子慢慢长大，我深刻地感受到谩骂和说教并不能改变孩子的现状，唯有爱与美好，才能让他深埋内心深处的宝藏种子发芽吐绿，绽放蓓蕾，结果生发，甚至创造无限奇迹。真正的教育，就是让孩子成为他自己。

“三归”体系，利他无我

在陪伴儿子的过程中，我也在慢慢帮助更多孩子。

18岁的小恒6岁时遭遇车祸，活下来已是奇迹，后遗症是智力发育迟缓、行动不便。家里三个孩子，父母闹离婚，他曾一度非常绝望。小恒告诉我：“有一次父母吵架，我很烦，就出门了。我走到寸金桥公园，想让自己冷静会儿，那一刻我真的很无助。可是想想我的音乐会还没举行，我不甘心，就感觉好些了。”我倒吸了一口冷气，让孩子眷恋人世间的竟然不是父母的爱和温暖，而是音乐。

小恒在唱歌 App 上录了《最美的期待》《春暖花开》《明天，你好》等歌曲，尽管声音稚嫩，但我认为那是人世间最美妙的天籁之音，唱出了他对梦想的执着追求、对生活的无限热爱以及对未来的热切期盼。

一天夜里 11 点多，小恒打来电话，哭泣着说："老师，我真的坚持不下去了，我发现这么多年的善良和忍耐并没有给我带来任何快乐。爸爸打骂我，说我不如成绩好的妹妹，太没用了；同学欺负我、取笑我，还经常故意把我推倒。呜呜呜，老师，我真的很痛苦……"

我顿时潸然泪下："小恒，你还记得我们要开一场海边演唱会的约定吗？你还答应专门给我写一首歌，记得吗？你要再坚持一下！老师会一直陪着你，爱你！"

"老师，你是这个世界上我唯一可以信任的人。如果有来世，你可以做我的妈妈吗？我希望可以成为你的孩子。"小恒越哭越伤心。

"当然可以，不用下辈子，这辈子你就可以成为我的孩子。我会一直在你身边！"我们俩在电话的两端号啕大哭。在我的宽慰下，小恒慢慢平复心情，打消了不好的念头。

电影《奇迹男孩》中有一段话："善良一点，因为大家的一生都不容易。如果你真的想要了解他人，你只需要——用心去看。"越来越多的"小恒"让我更加坚定了传播家庭教育理念的信心和决心。迄今为止，我讲授公益沙龙 200 多场。2022 年 5 月 15 日"国际家庭教育日"，我的视频号开播，迄今粉丝已逾 1.3 万，听众超过 10 万人次。

我结合自身成长经历，以及孩子从厌学、网瘾少年蜕变为"文明学生"的历程，撰写了一部作品——《破局之家庭教育》（暂定名），总结出一套"三归"家庭教育理念体系，即"归根、归位、归心"。

归根，回归生命的根源。父母是我们的生命之根，也是我们的生命之源。我们身上好的和坏的品质、优越和卑微之处，大多来自父母。我们人生中很多问题都能归结到与父母的关系中，与父母的关系深刻影响着一个孩子的人生。如果父母的表达和孩子的接收发生了错位，我们不如试着和解，将往事清零，让爱恨随风。请从心底感恩父母，回归到你的生命根源，你的人生会从此不一样。

归位，回归家庭的位置。家庭是一个整体系统，不断进化成长，遵循“整体法则”运行，每个家庭成员都要有自己的位置。家庭还有“序位法则”，长幼有序，每个人都有归属。古人常以“天”比喻男性，“地”比喻女性。以天地而言，“天为阳，地为阴”；以水火而言，“水为阴，火为阳”；以动静而言，“静者为阴，动者为阳”。正如《易经》所说：“一阴一阳之谓道。”家庭亦是如此，父亲的阳刚之气和母亲的阴柔之气互根互用、消长平衡，便能化腐朽为神奇。家庭需要秩序，秩序保证了爱与情感的流动。爱与秩序的冲突，是个人及家庭许多问题背后的根源，因此每一个家庭成员都要归位。

归心，回归对心情的关注。关注孩子的事情是控制，关注孩子的心情是爱。父母通常都停留在事情的表面解决层面，却忽略孩子内在的感受、期待、渴望等关乎生命力底层的要素，因此收效甚微，甚至造成亲子关系紧张。家是爱、尊重和允许流动及循环的场域。人是不会改变的，除非他感受到爱，除非他感受到尊重，除非他感受到不改也是被允许的。人生是爱的传递、信心的传递、价值的传递。父母为孩子提供的“抱持性”环境，不仅让孩子的自我更加强大，形成高自我稳定性，还让孩子有勇气按照自己的想法做出选择。

我的作品《破局之家庭教育》，是一个关于一对善良、淳朴的工人父母培育优秀孩子的故事，是一个陷入命运泥淖的妈妈自我成长、引领孩子逆袭的故事，是一个陪伴迷失在创伤、狂躁、抑郁中的生命的成长故事。

我把复杂的家庭教育简单化，充分展示了对生命的敬畏心、洞见力，以及对万物的同理心、观察力。只要用心，你就会发现家庭教育原来如此简单，家庭教育原本如此好玩。

此生只为家庭教育而来，以一灯传诸灯，终至万灯皆明，为天下家庭点亮一盏心灯。

结束语：

每一个人“本自具足”，只是曾经的向外索求、愚昧无知、固执己见遮蔽了自身的光。经过岁月的洗礼、时光的沉淀和生活的磨炼，那道光才逐渐透亮起来。当我的生命与阅读成长、公益践行、利他无我触碰的一刹那，我感觉如此富足。富足不是来自物质的丰富，而是来自内在心灵的丰盈。真正的富足是发出向上、向善、向阳的耀眼光芒，照亮自己，温暖他人。

经历“妄我、自我、忘我、无我”四个阶段，经过“觉察、觉知、觉悟、觉醒”四个层级，归根、归位、归心，“洗尽铅华始见金，褪去浮华归本真”，终能看见了不起的自己。

【主编的话】

归根、归位、归心，使梓绮不断内求，看见了自己；阅读，让梓绮的每一个日子都向光而行。现在的她为家庭教育而来，点亮无数家庭的心灯；现在的她外在优雅，内心淡定，温暖了他人，也照亮了自己。

姓名：国辉
城市：上海
身份：作家（关注女孩成长）
个人愿景：帮女孩掌控自己的命运。

国辉：女子三条命

看见了不起的自己：逆袭翻盘

女孩两条命：“出生”和“嫁人”。如果两条命都不好，你还有你自己！

开篇语：

母亲自杀时我刚8个月。爸爸是爷爷唯一的儿子，因为我，爸爸再婚很难。在那个年代的故乡，家人对我的态度可想而知……

第一条命：糟糕的原生家庭

姥姥把我养到3岁后，我被爸爸接回了家。记忆最深的是我常常被锁在家里。为了消磨时间，我尝试过睡觉，呆坐，自言自语，扒着门缝望外面，咬指甲……每次狂风暴雨我都蜷在湿漉漉的床上发抖，怕土屋塌了；风一吹，沙子就落在碗里；穿着破烂“百家衣”的我，总被人笑“没妈的孩子像根草”……我一被欺负，爸爸就骂我：“他怎么不欺负别人，只欺负你呢？你自己难道没有问题吗？”

我 7 岁时，继母带着妹妹进了我家。从此，我的日子更艰难了。

我哭了一夜，知道自己多余了。此后我抢着做家务、带妹妹，处处讨好他们，但还是天天被继母骂。她一骂，爸爸就跟着骂。姑姑说："有的后妈还更过分呢，她没少你吃，没少你喝，没打你，骂还骂不得？"

姥姥跟我爸妈说，如果我闯祸了，跟她说，她来管教我。为了不让姥姥受气，我从来不顶撞父母；无论谁对我表示同情，我都沉默以对，以防落人口实。

四年级时我考了第一名，跑回家报喜却遇上妹妹考了倒数，于是继母又将我骂到号啕大哭。

现实世界对我过于残酷，还好我有文字这个"贵人"。小学时，我已囫囵吞枣地看过了《诺贝尔传》《包法利夫人》《曼哈顿的中国女人》《简·爱》等，知道了有文化的女孩能过上自己喜欢的生活，我也想过那种生活。

那时候，大家一般初中毕业就打工了。幸运的是，我是村里那年唯一考上省重点高中的——那所高中的升学率几乎达到 100%，考上就相当于一只脚踏进了大学。

村里人都劝我："考不上大学高中就白读了。""考上大学又怎么样？现在大学扩招了，毕业就失业了。""人家都是初中毕业就打工了。""你家那么穷，就是把你爸妈逼死也供不起你再上学了。"……

继母见我不为所动，便使出了撒手锏——离婚！

而我除了命，什么都没有。当我绝食到第三天时，爸爸偷偷借钱将我送进了普高。

这是我第一次抗争胜利，也给了我凡事死磕到底的勇气。

我有时候想，我们来世上一趟就像赶考——有人锦衣玉食地上考场，抽的题刚好是他擅长的，甚至父母还能帮忙答一部分，这种好运太随机了，羡慕不来。何况拿到什么卷子就像是抽盲盒，帝王将相也不例外：宋徽宗拿到了政治卷，可他擅长的偏偏是画画。他在政治卷上挥毫泼墨，结果天下大乱，自己也被掳走，身死异乡。所以，凡人如我，不管什么考卷，只要拿到了就努力答题吧。

关于我读高中时受的苦，我在小说《安宁》里已经写了很多了。

我也不知道哪天就真得辍学了，但我不能让以后的自己怨现在的自己“为什么不再努力一点”。人生苦短，而最大的遗憾莫过于“我本可以”。

2002年，我考上了大学。虽然发挥严重失常，但我拿到了去远方的“车票”。

这就是我的第一条命——原生家庭很糟糕。我的破局之法是“靠高考改变命运”。

第二条命：“门当户对”的婆家

大学报到的前一夜，我在家里险遭不测。我执意报警后，警察没抓对人……一夜间我声名狼藉，一心想“以命换命”，可我答应过姥姥“要做对社会有用的人”，只能忍！

我想读中文专业，因为我考上的大学跟某985大学有联合培养计划，专业成绩名列前茅的人可以拿985文凭。但是，爸爸认为英语专业好就业，以“报中文不给生活费”威胁我报了英语专业。

上大学期间，我的生活费时有时无，因为忙于兼职，曾经是学霸的我挂科了。枕头下压剪刀才敢睡，喜怒无常，与大家关系紧张，上课听不懂，非常痛苦，一想起往事，不论什么场合都忍不住流泪……我就像海上千疮百孔的小船，被海啸打得失去了方向，随波逐流，也不知还能撑多久。

小君子拉我去参加校文学社招新考试，做过高中校刊主编的我一举考上了主编，才找回了“我没那么差，再难也要坚持到大学毕业”的信念。现在想来依旧热泪盈眶，谢谢那些明知我不完美却依旧深爱我的人。

大一暑假，继母扣我的生活费逼我退学，连返校的50元路费都不给。我含泪借遍了亲戚，只有一位远亲借给我1000元。

“谁都靠不住”，你越早意识到这一点，就能越早找到你的“第三条命”。时至今日，遇到困难时我都会问自己：“你做了哪些努力？还有没试过的办法吗？还有谁能帮你吗？”往往三个问题还没问完，新办法就冒出来了。

人生就是不断遇到问题、不断解决的过程，书上的题自有标准答案，但生活中的题各有各的难。所以，遇事不必囿于教条主义，更不要怕求人，一辈子长着呢，谁还没个狼狈的时候？

曾佩六国相印的苏秦年轻时四处碰壁，回家时落魄得像个乞丐，家人都不理他。他很惭愧，发愤苦读，想睡觉就用锥子刺大腿，痛醒后就继续读书。这就是“头悬梁，锥刺股”里“锥刺股”的由来。

他发达后嫂子向他跪拜忏悔，他问：“嫂子为什么从前那样傲慢自大，而今天却又这样卑微谦恭呢？”嫂子说：“那是因为小叔现在职位高，金钱多啊。”这就是成语“前倨后恭”的由来。

你看，每个成大事的人都是熬过来的。我喜欢从古人的智慧和跌宕起伏的人生里汲取对抗苦难的力量——**那些封王拜相的人怎么应对苦难，我就学着怎么做。**

大二暑假，我做兼职时被餐馆老板骚扰。辞职要赔“违约费”，我不敢辞职又怕被算计，不得不找个“临时男友”壮胆。我到处求人，终于找到了一个留校备战电子设计竞赛的男生。

老板威胁男生，男生答：“我们实验室 80 来个兄弟早就想会会你了。”

因为这句话，我得以全身而退。

那时的卧谈会，大家最关心的是男方的学历、工作、婚房等。而我呢，声名狼藉，有近万元助学贷款，专业一塌糊涂，毕业可能就失业了，家里还有一心盼着我嫁有钱人的爸妈……而且，我固执地认为，所谓的“门当户对”不仅是指男女双方实力相当，还要考虑爸妈会不会在你的婚姻里受委屈，所以我要考虑的事情比其他人多得多。

我花了 4 年时间，想清楚了“远嫁是唯一能重新活一次的机会”。

一位出身名门、大起大落过的奶奶说：“姑娘，一定要找疼你的人。人这辈子得遇到多少坎哪，但有个人一直陪着你，苦也是甜的呢！钱这东西能挣，但疼人呢，教都教不会。”

我自幼见惯生死，本就看淡身外之物，只求他无论何时都能无条件地信任和陪伴我就好。想通后，我将人品好放在第一位，能远嫁最好。

先生就是那个帮我的男生，我本来被折磨得不相信会有人比家人对我还好，甚至被表扬都要怀疑："我家人可从没表扬过我，我有那么好？他在骗我吧？他图什么呢……"但我什么丑样先生没见过啊？可他从来都是鼓励我，在他面前我敢做真实的自己。

爸爸知道先生是外省农村的，家里有几个姐弟，而他是唯一的大学生后，气得直嚷嚷。

继母怂恿爸爸要彩礼，我问我有什么嫁妆，我爸一听就跳着脚骂："找那么远还那么穷的，连彩礼都没得一分，到时候离婚了别回来哭！"

我跟先生说："咱们门当户对，谁也别嫌谁。"

先生说："我不会让你后悔的。"

2007 年，我通过无数个辛勤工作的日子换来了一线城市的户口。

2008 年，我没彩礼，没嫁妆，没婚礼，没父母的祝福，扯个证就远嫁千里。

2011 年，我还完我的助学贷款，补办了婚礼，又请家人去婆家旅游。

2012 年，我给父母盖了房子。宝宝出生，先生考上名牌大学的在职研究生。

2017 年，我写完长篇小说《安宁》，加入作协，重返科技行业。

2018 年，先生升任高管。

2019 年，我们在上海买房定居。

2023 年，我们给孩子摆 10 岁生日酒，带亲人游上海、游庐山……

这些年来，我们还赡养公婆，帮先生的兄弟姐妹成家立业……

直到现在，我做任何决定都会列出它可能带来的最坏结果是什么。因为选对很重要，选错了，能承担任何后果更重要。

这就是我的第二条命——婆家门当户对。我的破局之道是"并肩作战，砥砺前行"。

第三条命：以笔为剑破困局，培养核心竞争力

大学毕业找工作被拒无数次后，几乎身无分文的我不得不去做了包吃住

的服务员。

爸爸得知后大骂："村里人都说白花钱供你读书了，老子的脸都被你丢光了！"

其实我也想不通："拼了命熬到本科毕业，就找不到适合自己的工作吗？"加上同事的嘲笑和客人的刁难，我常常心生绝望。

很多时候，我们想做的和不得不做的事常常风马牛不相及。在别无选择的情况下，那就先把不得不做的事做到极致吧。努力成为最优秀的那个人之后，自然会遇到贵人。

老板发现我非常努力却不自信后跟我聊天，我告诉她，我的亲戚包括爸妈都认为我不行。

老板问："我跟他们比，谁更成功？"

我不解："你啊。"

她又问："那谁见过的人多，看人更准？"

我愣了："还是你啊。"

她笑了："他们认为你很差，但我认为你前途无量，那你信谁呢？"

我听懂了，从此不再给自己设限，想要什么就去争。

有了宝宝后，我想重返职场，于是请继母来带宝宝。不知她给孩子吃了什么，导致宝宝 6 个月体检时体重连最低指标都达不到。听到医生警告我"孩子发育迟缓"时，我崩溃大哭，继母却抱怨道："人家上海的月嫂一个月 1 万多，你才给我 2000 元！"

育儿嫂工资比我高，我也不敢再信别人，只好全职带娃。为了省钱，我总是去蔬果批发市场一次买几天的量。回到家时娃已经睡着了，我就把他绑在胸前，左手提十来斤重的童车，右胳膊挂一大袋鱼、肉、蛋、奶、水果，一步一喘爬到 6 楼后，腿直打战，眼冒金花，连拿钥匙的力气都没了。更糟糕的是，孩子肠胃极差，一周至少要去两次医院，先生请不到假，我只能自己带孩子去。我常常抱着孩子在医院里一起哭，要不就一起生病。

我就像风箱里的老鼠，拼到精疲力竭却依旧左支右绌，连让自己满意都做不到。那时，**我常常用两句话开导自己："凡事抓主要矛盾"和"用发展的眼光看问题"。**我沉下心，分析出主要矛盾是"将孩子留在身边"和"上班"不可兼得；"用发展的眼光看问题"就是"孩子上幼儿园后我就有时间了"。

可是，这么点理智总是被抗拒喂药的孩子打败，每次看着自己蓬头垢面，衣服污迹斑斑，我都无数次问自己："这日子什么时候是个头啊！"重度抑郁时，我想起了老板的话："你的核心竞争力是什么？"

我不知道。

所以，就算我熬到了孩子上幼儿园，又能靠什么"核心竞争力"返回职场呢?

先生说："你高中、大学都是校刊主编，不要浪费你的天赋。"

于是，在他的支持下，我报了写作培训班。《安宁》是我在孩子上幼儿园后以自己为原型写的长篇。从 2016 年 12 月 14 日敲下第一个字开始，日更 6000 字到 15000 字。但是，一个主妇本来就很忙了：买菜、做饭、熬汤、做家务、接送孩子上学和参加兴趣课、参加家长会、出游、去医院、喂药、半夜量体温和降温……为了挤时间，我一个人时就不做饭，饿了有啥吃啥，没吃的就忍着饿写，常常熬夜，胃疼、眼睛疼、感冒都是家常便饭……即便如此，我唯一一天断更也是因为孩子被送至上海市儿童医院抢救。

2017 年 4 月，60 多万字的《安宁》初稿完成。

2019 年 3 月 26 日，《安宁》剧本入围新华网和华谊兄弟联办的"2019 青年电影人培养计划"决赛。

2019 年 9 月 23 日，散文《对不起》荣获"知音故事写作大赛"铜奖。

2020 年 5 月 1 日，长篇《安宁》出版，我作为杰出校友回高中母校演讲。

2021 年 3 月，长篇《琥珀姑娘》荣获"2021 全国青年作家文学大赛"小说组一等奖……

这就是我的第三条命：以笔为剑破困局，培养核心竞争力。

从“小我”到“大我”：为女孩开万世太平

老人说“女孩有两条命”，是因为旧社会的女孩没有靠自己安身立命的机会。现在，虽然女性有更多机会和权利了，但很多时候依然是被牺牲掉的那个。

我的故乡曾是全国经济百强县，各方面并不落后，但1999年我读高中的时候，污蔑我“癞蛤蟆想吃天鹅肉”“就是想去学校找个城里的男娃”的声音甚嚣尘上，连我的爸妈也这样想。

从底层走来，我真实地、深深地体会到底层姑娘逆袭真的很难。

被命运一次次重捶的时候，被最亲的人屡屡背刺的时候，成绩下滑看不到考上大学的希望的时候……我也无数次想放弃过，自我怀疑过，崩溃过。为什么能坚持到现在呢？因为我“输不起”。所以每个机会我都当作救命稻草，不会就玩儿命地加班学，在每个公司都是优秀员工；在命运的十字路口，就算绝望到生无可恋，我也绝不允许自己意气用事……最后才幸运地一步步成长为就职于上海高科技行业的作家。

千年前，北宋张载写下了“横渠四句”：“为天地立心，为生民立命，为往圣继绝学，为万世开太平。”这也是酷爱历史的我做“女孩三条命”课程的初衷——以我的经历和历史故事为模板，提炼跨越苦难的方法论，帮女孩们发现“了不起的自己”，陪她们努力掌控自己的命运，为自己开万世太平！

道阻且长，行则将至。行而不辍，未来可期。

无论遇到什么苦难，姑娘，请记得你的第三条命——你自己。

而我，与你同在。

【主编的话】

都说成年人的生活没有“容易”二字，所有人都在负重前行。而底气、体面、自在、自由，都是靠自己努力挣回来的。世俗的成功给人自由，实力强的人更易被宽容，而你就是自己的第三条命！

当你看见自己，不懈努力，上天自有奖励。

姓名：杨雪
城市：广东广州
身份：销售管理教练、女性成长顾问
个人愿景：愿人人都能成为自己的教练，凡事内看，成就他人。

杨雪：凡事内看，承担责任

看见了不起的自己：承担责任

只有当肩膀开始承担责任，人才开始真正向内成长，和年龄无关。
人有多大责任，才有多大事业。

成为自己的教练

你是否无数次有过“离婚”的念头？

你是否有过“此处不留爷，自有留爷处”的怀才不遇？

你是否有过“都是因为你……都是因为他……”的委屈？

你是不是一边给自己补充正能量，一边沮丧的念头又像按住葫芦起了瓢？

现在很流行一个词——“起心动念”。我们的大脑每时每刻都会跑出无数个念头，有些我们能意识到，有些我们还没来得及反应就不见了，而这些念头都在不停地影响着我们。

你发现了吗，文章开头的念头都有一个共性：自我逃避！它原本是一种自我保护机制，但如果太过头，就会影响我们一生。想要勇敢地面对人生中的难题，就要学会自我教练，也就是做自己的教练。

Life repeats itself until we learn！人生会不断重复，直到我们学到！

自我教练是什么

一起打磨书稿的时候，大家都很好奇我怎么总有独特的见解，我说可能是读书多的原因吧。在大家的追问下，我思考了很久，才想起来大概是自我教练的习惯使然吧！

大部分学习教练都是科班路线：自我教练——教练别人——教练团队；而我急于求成，直接学“教练别人”，发现有点把握不住，又乖乖回到起点先学“自我教练”。

我最开始接触的是网球教练。在我的第一印象里，“教练”就是“授业解惑、授人以渔”的角色，但实际上远不止这么简单。再后来，我有了很多标签：健身教练、瑜伽教练、销售管理教练、女性成长教练。听上去行业跨度很大，其实底色就是一名教练。

“教练”在英文中用“coach”表示，同时“coach”又有马车的含义。马车，不就是把人从 A 点带到 B 点嘛；那“教练”就是把人从 A 点带到 B 点，教练的标签就是工具，而关于 A 点和 B 点，你可以有无限的想象空间。

假设我们此时此刻就在 A 点，我们是不是需要找不同的教练，才能到达不同的 B 点呢？

原则上是这样的，但如果有机会掌握教练的法门，你也可以成为自己的教练。

现在我想通过自己的故事，让你窥探到“教练”的魅力，也许能启发你生发智慧，疗愈自我，看见了不起的自己。

凡事内看，承担责任

8 年前的一晚，我跟我的教练打电话抱怨：上司不给力，老是给我挖坑，不重用我，让我有一种怀才不遇的感觉；下属老犯错，能力太差，进步很小，带起来特别吃力；我和其他同事配合，总觉得对方就是不支持我的工作，工作开展起来极不顺利……

正当我准备潇洒地用“此处不留爷，自有留爷处”结束抱怨时，教练接过话说：“杨雪，很高兴你愿意向我敞开心扉，在你阐述的这些事情上，我发现你都在说别人的问题，难道你自己一点问题都没有吗？”

我当时简直如五雷轰顶，是哦，我从没想过从自己身上找原因。以前诉苦，朋友都是附和我、安慰我，从没有人像教练这样不留情面。

这次我学着用教练教的方法自我教练，终于找到了答案——“上司打压我”的实际情况是我经常越级沟通，在下属面前抱怨他，只想证明我比他厉害。如果你是上司，大概也会和他一样不待见我吧?

“员工带不动”的实际情况是我依葫芦画瓢，上司骂我，我就命令员工，他们受不了就消极怠工或离职。上司因此还埋怨我，我委屈得哑巴吃黄连，有苦说不出。所以“骂你就是希望你好”这句话本来就是很虚伪的，如果你是我的下属，没有强大的内心，大概率也会离职吧。

后来很长一段时间里，虽然我不停提醒自己“凡事内看，承担责任”，但始终没有彻底缓和与上司的关系，即使没有冲突，我也处于逃避状态。

后来我发现自己一直践行的“成就他人，成就自己”的管理理念是因人而异的——我只想成就比我地位低的人，这样如何能处理好和上司的关系呢？当我自己发觉并清理掉那份“区别对待”后，上司对我的态度立马就变了。

当我决定跟员工推心置腹地沟通，不再用命令口吻交流时，得到他们的接纳也是颇费周折。

第一次沟通，我只得到一句：“雪姐，你有话直说，就不要拐弯抹角问这些问题啦。”如果是以前，我会觉得不舒服，但是当时我已经决定用“自我教练”的方式去引领自己成长。我首先意识到是我自己之前命令式的沟通方式太不得人心了，于是立刻调整思维，先给员工诚恳地道歉，然后感谢他对我的包容。他很惊讶，也很不好意思，后面我们之间的沟通就非常顺利了，我也因此开启了真正的教练式对话。

其实道歉对那时骄傲的我来说太不容易了，但我决心要彻底改变现状，于是尝试着践行“凡事内看，承担责任”，然后我就突破了，奇迹也就这样发生了：上司对我的态度好了很多，下属也开始理解我的不容易，并开始主动找他们自己的问题。

换个场景，打回原形

当我正沾沾自喜于事业有成时，家里却鸡飞狗跳了。但我从来不与人谈论我的家庭，所以大家看到的正是我想让大家看到的：事业有成、家庭幸福、孩子乖巧。我太渴望得到别人的认可与赞美了，但得到后的开心很假，因为我知道那是不真实的。

小孩 3 岁后，那段时间我忽然看哪儿都不顺眼：抱怨老公不上进，天天睡懒觉、看电视剧；抱怨婆婆带小孩太宠溺，使他养成了很多坏习惯；我不仅事业得不到支持，而且下班后还得做家务。我厌倦正面冲突，只好通过加班逃避，因为一回家就有无数次想离婚的冲动。

我搞不懂，自己已经很努力“凡事内看，承担责任”了，怎么家里就一团糟呢？

最后我实在忍不住了，只好求助教练。教练分享了她自己的故事后，我才意识到我内心一直有个执念：男主外，女主内。本来“女主外，男主内”也没什么，可我家那位为什么一天在家啥事儿不干，我辛苦工作回来还要做家务，还要被埋怨不陪孩子呢？真是越想越委屈。

后来我就天天安慰自己，“凡事内看，承担责任”，要怪只能怪自己当初眼瞎，那我就玩儿命工作，你爱咋咋地吧！当然这样逃避不是办法，也不是我真正想要的生活。经过一段时间的自我调整以及教练的帮助后，我才真正意识到老公的状态都是我纵容的，我并没有做好妻子的角色，才导致他变成了我抱怨的样子。

谁规定的“男主外，女主内”呢？我家的情况特殊怎么办？再说了，我身边有很多女性也很独立，自己挣钱，活得潇洒，也没见她们抱怨，相反还很感恩先生的支持呢。所以，我又何必为了这个执念和自己过不去呢？当我不再内耗，不再折磨自己时，内心就自在了许多。

从那一刻起，“凡事内看，承担责任”就深深印在我心里了。践行这么多年，它早已融入了我的血液，而今天我才真正理解“我就是一切的根源”这句话的含义。

三年学说话，一生学闭嘴

我从小表达力就好，也爱吸收新知识，在做教练之前，养成了指指点点的习惯。喜欢我性格的人会很喜欢我，但我无形中也得罪了不少人而不自知。

后来，我修炼自己的觉察力，在别人身上看到了自己的影子，才意识到我对朋友、同事、兄弟姐妹、配偶、父母，甚至人生旅途上偶遇的陌生人都曾“直言不讳”，真是惭愧！

我认真梳理了一下自己“好为人师”的表现：

第一，有时不管别人需不需要，只因我看不顺眼，就强行指点；

第二，有时别人有需要，但不管他准备好没有，我都自顾自地指教起来；

第三，有时别人愿意受教，但我没弄清楚状况，就开始长篇大论；

第四，有时我一语中的，别人也很佩服，但他回去后根本做不到，徒增烦恼而已；

第五，有时我把话说得太快、太多、太满，没有留下空间让别人思考，帮别人自己做决定；

第六，大多数时候，我建议别人去做的事，自己也没有做到；

第七，最严重的是，我常以为自己说完了，别人听懂了，事情就结束了，根本没想到接下来还可以做点什么。

也许你只中了其中一两条，但我条条都中招了。怎么办？闭嘴？那不可能，我的职业需要我会讲话。于是我便开始了一系列“骚操作”——既然不得不说，让别人主动询问不就行了？因此我开始诱导别人询问我。但这个换汤不换药的操作让我在社会关系上总是碰壁，严重影响自我提升，于是我又开始在笔记本上与自己对话：

如何解决“好为人师”的毛病？

真正困扰我的问题是什么？

什么是“好为人师”？

为什么想要解决这个问题？为何是现在？

如果不解决会怎样？

如果解决了我会如何呢？

我打算采取哪些措施？还有吗？

如果是某某老师遇到这个问题，她会给我什么建议？

我打算什么时候开始行动？

什么时候能看到我的初步成效？

这么一梳理，我发现就是自己那颗“傲慢心”在作祟，总是一副居高临下的样子，不停地想要证明自己，彰显自己。

我开始把去除“傲慢心”作为目标。当傲慢心减少一分时，我的行为也发生了天翻地覆的改变；当傲慢心减少一分时，身边的人都更愿意靠近我了。当我真正开始发自内心地帮助别人时，我聆听的能力也大幅提升，不仅能听懂对方说了什么，还能感知到他的情绪，理解他的思维模式。当帮助对方找到真正的问题时，他自己就找到了答案，无须我喋喋不休。

通过这些方法的实践，我才恍然大悟：真正做到“己所不欲，勿施于人”自然深得人心，哪还需要“好为人师”呢？

我们唯一的自由是我们有选择

讨论书稿时，看似每个人的故事都是差不多的桥段，但细品起来，每个人都有不一样的人生底色。

讨论到太阳富翁（翁秀凤）的“开心果”的故事时，我极好奇她是如何做到在别人冷眼旁观时也能保持开心的状态的。她也努力回想，好像自己并没有受到太多冷眼旁观，相反，她总是感受到身边人的善意。

明明是在启发她提炼升华，反而激发了大家对我的好奇。我和她的经历刚好相反，她感受到的总是别人的善意，而我总是被冷嘲热讽。

5 岁时父母离异，我妈告诉我，我爸爸要哥哥不要我了，所以我总觉得是因为我不够好爸爸才不要我的。同学在背后说我是从福利院领养的，其他亲人也总在说些闲言碎语。最初我不信，后来 8 岁搬家时发现了那张“领养证”，那一瞬间我的世界崩塌了。

从那以后，我便很怕被抛弃，变得很乖，也习惯性地把自己包裹起来。即使别人真心赞美我或者想跟我做朋友，我也怀疑他别有用心，毕竟我爸都不喜欢我。谁对我好一点我都受宠若惊，觉得只有涌泉相报才能回报他，更怕自己辜负或者配不上他对我的好。我学会了默默地察言观色，又暗自发誓努力读书离开这里，去没有人认识我的地方。

所以大家理解了明明我是个热心肠，但总是给人距离感；也明白了我为什么可以那么敏锐地捕捉到细节，为什么能一针见血地看到本质——这正是我走的每一步历练出来的，也正是我的命运使然。

这么多年，我都把各种不愉快的遭遇冰封起来，力图当作一切都没发生过，但“树欲静而风不止”，剧本发展偏偏就不这么写，比如职场关系问题，比如婚姻关系问题，比如很少和别人有深度的感情联结等，都不同程度地受到我年少时经历的影响。我可以骗过身边所有人，但唯独不能骗过自己。

如果那些经历被冰封后不再影响我现在的生活，也许我就不理它了，但它无时无刻不在扰乱我，我必须找到解决问题的根源。

在与教练的又一次对话中我发现，正因为我小时候被冷嘲热讽，所以我一直有种“我是弱者”的心理暗示，总是给人一种楚楚可怜之感，好像还没真正长大，心智还停留在幼时。当时我就不服气地反驳我的教练：“我都 30 多岁了，好歹也是做教练的人，怎么还会心智不成熟？”

直到教练带着现在的我，去找小时候那个最无助的“我”，回到那个场景，我眼泪止不住地流下来，看着“杨小雪”很无助的样子，试着给她一个大大的拥抱时，我终于理解了！

那一刻，“杨小雪”已经不再那么无助，她现在变成了很强大的杨雪，完全有能力、有智慧去摆脱困境，还能去帮助别人！

那一刻，我身体涌上一股暖流，再回到当下，我已找到那个答案了：我们唯一的自由就是我们有选择！那时的我还很小，没有能力也没有实力去爱自己；但今天我看清了生活的本质，也依然能心怀乐观与感激。

无论你过去经历了什么，无论你当下正经历着什么，你“本自具足”，完全有智慧做出当下最好的选择。

我的教练笔记

教练说：“凡事内看，承担责任。”

《论语》说：“吾日三省吾身。”

孟子说：“行有不得，反求诸己。”

是不是惊讶地发现，这些话都在表达同一个意思？

读到这里，不知道你是否还会有各种逃避的念头？不知道你是否还在到处抱怨“此处不留爷，自有留爷处”？不知道你是否还会把各种责任推到对方头上？

如果原本就没有，那么恭喜你，你已经做得很好了！

如果现在没有了，那么祝贺你，准备迎接属于你的精彩人生吧！

如果还有，那也没关系，也许改变对你来说并不重要，那请你做自己，无须为了改变而改变。

前几年，我专程回到母校走走看看，回想走过的教学楼、食堂、舞台、球场、一幕幕熟悉的场景，想起了那个总是激情满满的自己。

当想起自己曾在校园舞台上唱了一首*Proud of You*（《挥着翅膀的女孩》英文版）时，我的眼眶湿润了。希望你也听听这首歌，打开你自己的能量盒，看见那个了不起的自己，向阳而生，不负此生。

【主编的话】

人到中年，上有老，下有小，每天为家人的温饱奔波，还要应付各种角色和问题，确实很疲惫。但是，如果你想要更好的客户关系、夫妻关系、亲子关系、同事关系等，就不要总想着去改变别人——做自己的教练，从改变自己开始。你好了，你的世界就好了。

姓名：丁丁
城市：天津
身份：三宝妈妈、创业新农人
个人愿景：用优秀的传统文化影响和感染更多的人，大家一起走向更美好的未来。

丁丁：三宝妈觉醒路，每一步都算数

看见了不起的自己：生命觉醒

这个世界上没有什么比叫醒自己更加困难的事情，当我们真正觉醒，必然能够坦然接受生活给予我们的一切。

“故天将降大任于是人也，必先苦其心志，劳其筋骨，饿其体肤，空乏其身，行拂乱其所为，所以动心忍性，曾益其所不能。”

人人都喜欢顺风顺水，但只有冲破命运设置的重重障碍，并坦然接纳生活的酸甜苦辣后，才会有大智慧承接悲欢离合。

产后抑郁

我出生在普通的山东农村家庭，虽没有大富大贵，但无忧无虑地被爱滋养着长大。

我的求学和成婚之路都很顺利，生第一个孩子时对生活还算满意，转折出现在生完二胎后。

2016 年 2 月，我生下了老大。2017 年 11 月，老二出生了。老公要工作，又没有老人帮扶，我还没从生产的疲惫中恢复，就要 24 小时照顾一个嗷嗷待哺的婴儿，随时看护一个对什么都很好奇的幼儿，那种筋疲力尽的感觉大概只有经历过的妈妈才懂。每次看到人家是妈妈和奶奶或者妈妈和姥姥带一个孩子，而我永远是蓬头垢面、狼狈地一人拖两个，不对比还好，一对比就心酸极了。

那时我最怕孩子们生病，他们一生病，本就不稳定的节奏全部被打乱，别说运动和逛街了，我连美美睡一觉到自然醒都是奢望。我失去了对生活的主动权，像一个木偶被推着走，不能快进也不能后退，更不能逃避。加上孩子们相互传染，我总是好不容易把一个孩子照顾好后，另一个又开始了……于是我变得非常暴躁，经常以泪洗面，怨老天不公，越想越委屈，常常整夜睡不好。

我觉得自己的狼狈和痛苦都是老公带来的，在一次争吵后，我终于同意去医院检查，结论是中度产后抑郁。我开始服药，吃药之后睡眠开始变好，不论什么时候，闭上眼就能睡着。国庆节假期回到老家有人帮忙带孩子后，我的状态逐渐变好。大约一个月后，我停药了。

家人生病

2021 年 3 月底，公公突然开始全身浮肿，医院检查血液指标异常，大夫建议去总医院复查肾病科和血液科，结果两个科室都不能确诊，又建议住院做骨髓穿刺。等床位时，邻居推荐了北京的大夫。于是我们早晨送完孩子上学，又赶高铁到了北京，打车去医院，排队看完病抓了药，又马不停蹄地赶回天津接孩子，到家后还要熬两个多小时的药。然而，老人生病后不舒服，药也确实难喝，每次吃药都要好一番拉扯，导致我这几年的委屈和怨恨一下子又全涌了上来。

为什么人家有人帮忙带孩子，我却要一人带两个？为什么照顾了小的还要照顾老的？我明明已经拼尽全力了，为何还要遭受这些不公？为什么是我……现在想来，那时我能量状态很低，吸引到的也都是低频的人、事、物，一直恶性循环。

觉醒和自我救赎

慢慢地，我觉察到不对，开始寻找解决方法。

我给爸妈打电话，他们劝我好好照顾老人，说老人也不愿意生病，既然命运安排了，怎么也躲不开的。

我又给小姑打电话，她说我应该珍惜有这样的照顾老人的机会，因为这也是对我的一种磨砺。如果上天真的要降大任给我，不经历风雨怎么能证明我行？好吧，我暂且接受这一说法，但就是调整不好。

小姑建议我抄经静心，于是我买了经书的临摹本开始抄。抄了十几遍后我逐渐静下来了，甚至开始思考一些人生问题。

2022 年春节前，我偶然在短视频中刷到了张焱老师，在直播间听到她讲《病由心灭》《了凡四训》等书后，我开始在书里寻找答案。

（一）《病由心灭》——打开新思路

《病由心灭》讲道："人生的疾病是怎么来的？有些人整天担心、害怕、着急、牵挂、盼望……各种各样的心情，很多，很复杂。这样的人，就符合一个'患者'的'患'字，心老往上蹿。……患者的'患'字告诉我们，心往哪里蹿，哪里就会有忧患。蹿到心，身体就会有忧患；蹿到外界，外界就会有忧患。"我开始自省自查和疏导情绪，因为我已经开始过敏，而且有低血压等疾病。

《病由心灭》提到了"自然力"："自然力让我们人长有两只眼睛、两个耳朵，就是为了让我们从正反两个方面，去观看各种的人生问题，使自己尽可能看得全面些；我们要努力学会听正反两方面的话，兼听则明，偏听则暗。"其实任何人或事，无论给我们带来什么影响，辩证地来看，一定是好坏都有的。这样一想，也就没那么难过了。

（二）《了凡四训》——引导践行

《了凡四训》开篇就是"立命之学"。立命是说命中注定有，但是却可以改造。了凡先生与云谷禅师的对话让我初识因果，并且意识到"命由我做，福自己求"。流传了几百年的圣贤书，肯定是有大道理的。日行一善对于状态不好的我来讲也许不够，那我就加倍到“日行三善”。

于是我从给慈善机构定捐开始，每个月 10 号捐款给天津的“早安宝贝”机构，资金用于“小家”的日常运营和孩子们的治疗。我还从小事着手，做些力所能及的帮助他人的事情。比如带孩子时随手捡垃圾，自家种的蔬菜送一些给邻居，配合社区做志愿者等。先生则在后备厢备了狗粮，随时喂流浪狗。慢慢地，我们的家庭日渐和睦了。

在读书—觉察自省—“日行三善”的践行中，我的情绪越来越好，内求总会得到惊喜，难怪圣人说“莫向外求”。

（三）结缘良师

2022 年，我遇见了张焱老师和王茹老师。《病由心灭》和《了凡四训》是张焱老师推荐给我并且详细讲过的书，她还教会了我如何冥想，深度思考，找到自己。王茹老师是我深度践行《病由心灭》的引领者。在她的影响下，我开始写修心手记，通过写作打磨自己，逐渐找到了自己的人生使命。

2022 年，我意识到先生就是我一生的贵人，不论什么样的我，他都敞开怀抱来接纳。他在外打拼压力很大，但在家总是笑容满面，他说：“因为我看到你们就觉得幸福，就很开心。”他在原生家庭里有缺憾，所以格外珍惜自己的小家。

王茹老师说，在一个家庭里，夫妻关系是最基础的。丈夫对妻子的支持相当重要，如果丈夫对妻子不好，妻子也不会有力量对家人好。这个观点我非常认同，先生不仅对我好，对双方的父母也很周到。而我对他的家人也是全心全意，所以我们的小家庭和大家庭都非常融洽。

进入 2022 年，我好像一下子开悟了，读书、学习，有规律地调节饮食和作息，练瑜伽……我的能量值越来越高，身体也越来越好，一切都朝着更美好的方向发展。我也学会了向内求，因为向内觉察才能找到问题的本源。

《认知觉醒》这本书也让我意识到：一流的生活不是富有，而是觉知。“人与人之间的根本差异是认知能力上的差异，因为认知影响选择，而选择改变命运，所以成长的本质就是让大脑的认知变得更加清晰。”

三胎来了

（一）为什么敢生三胎

2023 年，我 35 岁，有了三胎。经常有人问我："怎么敢生三个孩子呢？"

我反问："那你担心什么呢？"

回答无非是"压力太大养不起""太累了，没人帮忙带"，或者是"辅导作业太要命"……而我生三胎是因为：

首先，先生给了我足够的底气。他努力工作缓解经济压力，为我提供充分的情绪价值，理解我带孩子的辛苦，帮我一起带孩子，解决我的后顾之忧。怀上三宝后，我们就约好了请阿姨，现在阿姨可以帮忙做家务、带孩子，真的让我轻松许多，也减少了很多矛盾。

其次，孩子只要不生病，花销就很少。既然当下的我们可以负担 3 个孩子的成长，那就安住当下，不必为不可知的未来杞人忧天，相信每个孩子都自带福气。

还有人担心孩子"输在起跑线上"，说从上早教开始就很烧钱。其实我家老大、老二都是上过早教课的，那些内容网上都有，只要家长足够用心，拿来自己教就可以。

对于"起跑线"，我的理解是，家长的高度才是孩子的起跑线。与其花钱、花时间"拖拽"孩子，报一堆他不一定感兴趣的兴趣班，不如将这些钱和时间投在自己身上，多读书，多学习，多运动，全方位提升自己。因为你就是孩子的榜样，你能力提升了，格局变大了，烦恼琐事自然会变少，孩子也会耳濡目染。

最后，我没有把所有的爱统统给到老公和家庭，而是保留了很大一部分给自己——月子里我就开始做瑜伽恢复身体，做护理，读书学习提升自己。在这个爱自己的过程中，我积累了足够的能量去爱家人。只有我们足够爱自己，我们的家人才会更加爱我们。

所有的烦恼都是由于智慧不够，当我们有了足够的智慧后，自然能够坦然接受一切。每个孩子都是"本自具足"的，我给孩子充足的爱，让他们在有爱的环境里浸润滋养，带好了老大，后面就会轻松一些。

（二）60 分妈妈

照顾孩子不必事无巨细，早早放手反而能锻炼孩子的独立能力。老大和老二基本上 4 岁就能自主洗澡、洗漱，我只需要告诉他们去干什么就可以了。

对待孩子不必一碗水端平，只要让每一个孩子都认为我们最爱的是他就行了。孩子想要的也不是绝对的公平，而是你的偏爱。

不“鸡”娃，只“鸡”自己。网上的“海淀妈妈”们很伟大，而我不是这种人，我的孩子们也不是“别人家的孩子”。既然大家都不是“别人家的”，那就是自己人咯。孩子有他的人生，我们不必干涉太多，尊重就好。

崩溃和生气的时候，该骂就骂，该哭就哭，把委屈说给孩子听，他们反而更理解我了。或者做一个小女人，把委屈告诉先生请他帮我撑腰。表达感受就好，不必带情绪。不要总想“为母则刚，拿命在扛”这种悲壮的话，孩子只要夜夜安稳，平安顺遂，哪有那么多事需要你以命去搏？兵来将挡，水来土掩。过好每一个当下，期待美好的未来。

有人问我，生 3 个孩子后悔吗？

没有，这是我最不后悔的决定。没想着养儿防老，也没有想多一个孩子多一个指望，我只是喜欢热热闹闹的烟火气。老一辈总说，过这一辈子，不就是过的这几口人吗？我很开心能有三个孩子陪我度过一生，让我的人生多了很多不一样的体验。

感恩一切遇见。

（三）平衡家庭、事业和公益的秘诀：每天只做 3 件事

我是 3 个孩子的妈妈，是一名创业新农人和传统文化的传播者，也是一个公益事业的参与者。

因为爱，农大毕业、科班出身的我们，用一颗赤诚之心做种植。我们坚守初心，从土壤开始，保证每一个环节都纯粹。我们精选优良品种，从源头把控品质，只为种出健康的果蔬。同样因为爱，我加入了多个公益计划，贡献自己的微薄之力。

看起来好像很累，但我只需要做好 3 件事就能从容不迫。

首先是合理安排时间。上午读书，做农活；下午运动，处理《病由心灭》读书研习社的社群工作。

其次是精减待办事项。将待办事项减少到6件时效果一般，现在我已将每天要完成的重要事项精减到3件，其他的小事顺手做好，100%的完成率让我感觉神清气爽，心情很好。

最后，三胎家庭的带娃和家务请阿姨帮忙。好运如我，请到一位特别善良而且能干的阿姨。看着家里干净整洁，好的心情会给我满满的能量。当能量值上升后，做什么事都会动力十足。

陪伴3个孩子共同成长，做有益于他人的事，就是我这一生中最有意义的事。

行有不得，反求诸己

我是幸运的，在彷徨失措的时候能够遇到好老师和圣贤书，并在书中找到了答案和方法，不断践行后让内心变得丰盈了。

因为我们中国人很重感情，所以很多人苦于处理各种关系。如何解决这些烦恼，中国的传统文化里早有答案。

《道德经》讲："知人者智，自知者明；胜人者有力，自胜者强；知足者富，强行者有志；不失其所者久，死而不亡者寿。"一个懂得观照内心的人，一定是强者。

《孟子》有云："行有不得，反求诸己。"任何事情，当没有达到自己预期的目的和效果时，先不要怨天尤人，而应多从自己身上找原因，先改变自己。

中国传统文化成了我生命中的一束光，照亮了我的生命，提醒我莫向外求。

路遥在《平凡的世界》里写道："每一个人都有一个觉醒期，但觉醒的早晚决定着一个人的命运。人生可悲的事情莫过于胸怀大志却又虚度着时光，聪明不足却又习惯拖延，学历不高又不努力，不满意自己又自我安慰。"

觉醒，内求，去改变。

从今天开始

从今天开始，我选择成为一个全新的人。

我与周围相处和谐，我爱这个世界，这个世界也爱我，我会做更多有益于社会的事。

人生不如意十之八九，虽然我找到了自己，但是未来可能还有新的挑战，而现在的我，已经有了直面问题的勇气，以及解决问题的方法。心上用功事上磨，能迎接美好，也能直面风浪。

短暂的一生还剩几十年，我会用后半生努力去惊艳时光。生活磨掉了我的锐气，但我相信，余生会有新的部分生长出来，也将更闪闪发光。

“知易行难，行胜于言”，努力，是一个缓慢积累的过程。

“海压竹枝低复举，风吹山角晦还明。”人生在世，不如意事十之八九，低谷时韬光养晦，那么当黑暗散去时，自有万丈光芒在等你。

【主编的话】

“天下皆知美之为美，斯恶已，皆知善之为善，斯不善已。”因有了美丑、善恶的参照，我们就会心生怨恨。放下参照，看向内在，便能觉醒，便不再拿别人的标准要求自己。

真正爱自己的人，对内有原则，对外有底线，让我们一起减少内耗，爱自己吧！

姓名：黄春慧
城市：广东湛江
身份：慧慧学社创始人、高级语文老师、国家二级心理咨询师、学习能力指导师
个人愿景：每一个孩子都有属于自己的内外特质，每一个年龄段都有其阶段性特点，科学识别，因材点燃孩子的内驱力。

黄春慧：点燃你的内驱力

看见了不起的自己：内在驱动

长板是人生的加油站；大成若缺，看似缺失，却是内在驱动的方向。

2016年，父亲问我："你真的决定要离开学校，全身心投入你的学社吗？"我回答："爸爸，如果将来我走到了人生尽头，却发现还有很多很好的教育理念没有实施，我会很遗憾的。"于是，慧慧学社成立了。

童年的底色决定人生驱动的力量与梦想

我1岁时，妈妈回城工作了，于是我成了姑姑的"小尾巴"。

姑姑带我去看露天电影，小伙伴和我在席子上吹着凉风唱歌，秋天有婶婶做的烤禾虾，冬天我们就围着火炉烤番薯、做糍粑……

幼年与大自然的紧密联系成了我一生的动力补给源泉。后来遇到人生的狂风时，我总能随时回到大自然的怀里，获得滋养和力量。

后来妈妈把我接到了城里，她陪我去报名上一年级后，其他的就让我自由发挥了：台风天自己回家，生病了自己去打针，在家里做自创的各种科学实验，种花草、喂白鸽，甚至在大厅养过一群小鸡。

感谢妈妈对我的放养，让我长成了有主见、敢于尝试的孩子。

爸爸是军人，他喜欢把我托到屋顶认星座，冬天给我做棉被窝窝，我上中学时的周末亲自下厨迎接我，甚至认识的叔叔阿姨都跟我说“你爸爸总夸你好自觉”……他满满的爱与信任一直滋养着我。

爸爸很优秀，立了功，备受尊重。他也很孝顺，每次回老家都把车厢塞满礼物，回村就带着我挨家挨户给村里的老人问好送红包，还照顾兄弟姐妹，抚养我的堂弟堂妹们……连陌生人他都很心疼，有一次竟然买了一位老婆婆卖的所有鱼，说：“卖完了，阿姨就可以早点回家了。”

爸爸“看得见”的言传身教的榜样力量对孩子的影响非常大。强调“看得见”是因为我们也遇到了很多非常优秀的对社会贡献很大的家长，但孩子却觉得爸爸“很没用”，这样就无法吸收爸爸的正能量了，可惜！

还有我的小学班主任，天气变冷时，有风湿痛的她将女儿们的衣服装好拖上 4 楼，为衣服单薄的同学们一件件穿上。她说：“职业不分贵贱，但贡献有大小。”这句话一直留在我们心里，所以心性的教育才是最重要的教育！

六年级时我开始思考死亡，每天边思考边流泪。一个月后我想通了：“人终有一死，或轻于鸿毛，或重于泰山。”于是我有了较清晰的梦想——为社会做贡献。这与父母、老师以及大自然对我的潜移默化的影响是分不开的，它们也是我追求梦想的力量源泉。

天赋激发内驱力

在大学里，因为善于揣摩作品中人物的形象与感受，并且能演绎得淋漓尽致，内向的我被选为学校话剧队队长。

这种能力在我成为老师后，能帮我很轻松地用有感染力的语音与肢体动作，带学生们共情作者的悲欢。学心理咨询后，它**又让我源源不断地激发了学生的动力，自己也越来越自信了。**

我很容易发现学生的优点，甚至善于在负面事件里感知其正向初心，从他们的短板中发掘其优势，给予理解和真诚的欣赏。我常常改周记改到深夜，毫不吝啬地表达对孩子们的欣赏：“在简短的句子中，含有诗意！体现出作者语言的精简、准确……你选取的黑蝴蝶太有艺术意象了，真有作家的思想与视觉。”

这名学生其实写得很短，我的评语都远超他的字数，但因为我敏锐的觉察力对他表达了真诚的欣赏，唤醒了他的内驱力，他后来参加征文比赛还获了全国铜奖！他主动为班级办了一份学生原创报纸，被称为“有天赋的校园作家”，后来还成了大学文学社社长。

有学生说，他比较颓废，只是乐意在我面前表现出最好的样子。在我看来，星星之火可以燎原，学生的优秀不是教出来的，而是点燃他们内驱力的结果！

如果说前面说到的天赋属于感性层面，那接下来要说的天赋就属理性层面了。

我的逻辑总结能力比较强，将历年高考题捋出规律后，我第一次带高三就教出了区语文高考状元。

第二年，学校将全年级语文拖后腿的几十名学生集中起来，每周由我上一次语文提升课。后来，其中的 3 名学生高考语文成绩进了全年级前 10 名。全校理科生语文 700 分（当时高考是标准分，语文满分 900 分）以上的 5 人，我们班占 4 席。

感性的觉察力与理性的逻辑思维能力完美融合令我如虎添翼，我因此得到了学校和教育局的肯定，担任了语文科副组长、区语文兼职教研员，参与全市五县四区高考备考指导工作，参与市中考出题等。

人如果从事与天赋相关的行业，就会越战越勇，也容易出成果，看到成果后自我认同感提升，就更有动力继续前行了……由此形成良性循环。

然而，天赋从何而来？

有人认为天赋是与生俱来的，但我觉得在缺失中也能找到。比如，我从小不在父母身边，于是学会了察言观色，变得很敏感，很能体会他人的情绪。后来父母没空管我，这无意中锻炼了我的动手与独立思考能力，让我的逻辑思维能力变得很强。所以，不要回避缺失，因为它可能蕴含天赋。

天赋和弱点就像玉和石相伴而生，如果不耐心雕琢，天赋这块“璞玉”就会被弱点这块“石头”掩盖。就像那个周记写得很短的学生，如果我要求他重写，他肯定会产生逆反心理，更别说激发写作天赋了。所以我们要积极观察，及时点燃孩子们的天赋，一旦点燃，成就感和价值感就会生成小家伙们源源不断的内驱力，指引他们勇往直前。

缺失是驱动力的方向

读书时我因为偏科吃了很多苦，正是因为痛苦和缺失，才使我坚定了探索的方向。

小学毕业后，我以优异的成绩考上了省重点中学。

一到初中，我就发现靠理解可以学得好的学科，比如物理，我就学得很轻松，甚至政治能考全班第二。然而，需要大量背诵记忆的科目，比如英语，真的虐我千百遍。我们学的第一个单词是“face”——脸。天哪，f–a–c–e 怎么就等于“脸”了呢？我“f–a–c–e，face”地读了很多遍，但是一提笔又忘了。不仅英语，化学也很让人头疼，例如气体燃烧的颜色等知识点我常常会记混，非常痛苦。

考上大学后，我为英语消耗了无数的时间和精力，依然事倍功半。

为什么呢？我百思不得其解。

2006 年，大宝刚满月时，我看到了一张宣传单——“思维导图记忆法公开课”。几天可以记上千个单词？尽管我不再用到英语，学费也是我一个半月的工资，但我还是果断报名了。因为自己痛过，所以坚决希望学生不再困于这份痛！

我成了拥有 300 多名学员的学生训练营中唯一的“老师学员”，后来靠学来的方法整理出一套高效的语文知识系统，很快就帮学生们把语文成绩提上去了。令人惊喜的是，这些方法可以运用到所有科目上，对付记忆难题简直手到擒来！学生们纷纷夸我几千块花得太值了。

我尝到了甜头，从此在自我精进的路上一发而不可收：时间管理、快速阅读、学能类型判断等，只要感到有用我都学。于是，教高三的 5 年间，我教出了 3 名语文高考状元。

备考国家二级心理咨询师证书时，我将所学的“记忆法、思维导图、时间管理”等与自己的逻辑思维结合，把 8 本书的知识点整理成 8 张图，顺利拿下证书。

一直到现在，学生的需要都是我学习的动力。

我参与培训的机构发现我将方法运用得非常有效后，邀我去桂林上课。于是，我带着公益心踏上了教学习方法的路。

当我上完半天课后，学生们层层叠叠地围着讲台不让我走。主办方负责人的孩子甚至连后面几天的课都不上了，我在桂林的那几天他就一直陪着我。

回湛江的火车缓缓启动了，当我挥手告别时，这孩子突然跑了起来，大力向我挥手。火车越开越快，他也跑得越来越快，但还是慢慢地追不上了。看着他一直远远地向我挥动胳膊，我感动得热泪盈眶——这让我深深地明确了自己探索的方向是学生非常需要的！

这段经历让我深刻地体会到：每个人的学习能力是不同的。我自己就属于逻辑理解力很好，但机械记忆力尤其视觉记忆力很弱的类型。同时，我也知道不同的学生、不同的学科需要用不同的学习方法才能更高效。所以，我现在做的事情是多么有意义！

一个人的短板或者遇到的坎坷很可能就是他成长的契机，尤其当短板逆袭成长板并遇到巨大的社会需求时，产生的内驱力是惊人的！

“究竟还有多少方法可以帮助到孩子？”我开始了深入探索。

学生的问题就是探索的方向

我尝到了“学习改变命运”的甜，体会到了帮助学生变好带来的巨大价值感后，索性将他们的问题当作我探索的方向，开始闯关。

第一，学习能力关。经过学习，我明白了如何通过测评让大家知道自己的学习优势通道，指导他们用适合的学习方法扬长避短地高效学习。

第二，领导力关。有尖子生说，他除了学习好之外没有领导力，社会竞争力、思考力也很弱，竞选总是失败，很沮丧。

这促使我去学习“问题解决技术”的思维训练课程——这一般是商人学的。但我既可以利用它提升学生对实际事件的分析能力，也可以指导孩子运用这些思维方式写议论文，甚至连分析问题的高度都能提升。

第三，心理关。我的学生在提升了自己的领导力之后又打电话给我：“老师，我们虽然成绩好，也当上了班干部，有的还是全票通过，但是我们却不一定感受到幸福……”

哦，看来我要学心理学了。

于是，我开始学习“家庭教育指导师”“亲子沟通训练师”等课程，考取了国家“二级心理咨询师”资格证。在掌握了心理学知识后，之前学习的很多知识模块一下子打通了，我明白了学习能力、专注力、亲子关系等都与心理学有关，都与家庭教育有关，顿时豁然开朗！

第四，以大语文为载体培养无数可能。生活处处是语文，大语文就是培养孩子各种素养与能力的丰富载体。大语文素养的广泛建立，能培养孩子们对美的感知，对自我心理认知与外在事物的思考与表达，传递家国情怀。大语文还是欣赏古今中外作品的通道，能让人汲取上下五千年的精神养料，洞察社会时事，发现身边琐事的美好，手书我心的内化与外传。在对自我的不断觉察与提炼以及积极的人生态度的影响下，我们一步步成为更好的自己。

现在，我越来越清晰自己的教育理念了——探索与实践将心理学、学习能力与语文素养结合的新“三合教育”方式，提高学生的综合能力，帮他们内心富足地成长，成为更好的自己，并向世界散播他们的光与贡献。在这个初心与宗旨下，我的教改基地“慧慧学社”诞生了。

探索内驱力的底层力量

随着自身不断地成长，我希望可以更自由、广泛地学习与实践，也希望从小抓孩子们的学习能力、心理建设。于是，我和父亲有了那番对话。

学无止境，我继续学习心理学和家庭教育的各种流派，如绘画心理学、音乐疗法、NLP（自然语言处理）、萨提亚心理疗法……不断地公益传播家庭教育与学习方法，受邀到湛江一中、二中、28中、20中、32小、金沙湾中学、4804解放军技工学校、八小等学校给孩子们讲授高效学习法与心理调节法，为家长、老师进行家庭教育讲座，大获好评。

接下来我分享一个探索孩子内驱力的案例。

我和小秦相遇在他读高三那年的10月。全校理科生1400人，他排在1000名左右，他的妈妈说他能考上本科就不错了。结果在我的指导下，他高考语文考了100多分（进步20多分），总分从相识时的460分提高到608分，超过重点线30多分，考上了西安电子科技大学，后又保研上了上海交通大学，博士在多伦多大学就读。

我们来探讨一下他的内驱力与"三合教育"的关系。

在学习能力方面，我协助他提升薄弱学科的成绩，以便提高分数后建立自信。

我分析，他属于逻辑思维强，注重自我意识，但知识漏洞多的情况。我给的对策就是发展思维优势，协助他自主构建知识体系。我用思维导图系统协助他梳理语文知识点，他从感觉无处下手到恍然大悟，照做后马上进步了。他开心地说："最弱的科目都有办法提升，就证明我有很多难题都可以攻克！"他在高考中找到自信后，把方法与信心扩展到了所有大学的学科，说"感觉没有什么是学不会的"。

在思考力方面，我教了他"问题解决技术"，他觉得"5W3H"思维方法对他的研究有巨大帮助，认为这本质就是要有系统性思维的意识。通过运用这样的思维方式，他多项研究项目获奖，其中"智能风力摆"获"全国大学生电子设计大赛"一等奖。

所以学习能力的培养，不仅仅能让分数好看，更奇妙的是使人终身受用。

小秦的父母是大学教授，妈妈在他高三时出国留学了，虽然缺席了孩子最需要她的时候，但父母"活到老学到老，不断进步"的状态本身也是孩子很好的榜样。只要保持沟通，让孩子感受到被爱、被支持，会比朝夕相伴但没有正能量滋养更好。

社会价值感是最坚韧的驱动力

小秦考上一所又一所重点大学的背后，是他的社会责任感提供着源源不竭的驱动力——攻读人工智能专业，为国家做贡献！如今，他正在加拿大的多伦多大学读博士。

慧慧学社遇到的类似的学生有很多，例如考上剑桥大学的君君、考上波士顿大学的瑶瑶等，都是在提升学习能力的过程中找到自信的，再加上强大的心理支持，就能很好地面对压力并创造未来！

有人问我："你源源不断的动力和学习内驱力是什么呢？"我想应该是一个人经历中的得失（尤其童年时期的家庭经历）、天赋导向、理想及责任吧。

心中时刻有社会责任，就能源源不断地支持自己永远攀登；家庭教育尤其是童年时期的教育，会沉淀为我们的为人处世模式，是驱动力的源泉；天赋带来了自我肯定，是源源不断的加油站。人生缺失的、社会需要的，就是我们前行的方向。无论长板短板，只要保持正念，缺什么学什么，就一定可以战胜自己，成为了不起的自己！

【主编的话】

在时间的维度里，坚持热爱、自信这两件事本身就很酷，无论是心怀梦想、涉世未深的少年，还是面对复杂世界的成年人，当你持续追随自己的好奇、热情、天赋等内驱力，就会获得人世间最宝贵的东西，并催生更大更强的潜能。

《论语》中说道："知之者不如好之者，好之者不如乐之者。"

请专注在自己的热爱里吧！乾坤未定，你我皆是黑马！

姓名：陈思羿
城市：海南海口
身份：中医文化传播人
个人愿景：自强不息，让自己成为最好的自己。

陈思羿：男儿当自强，女人也一样

看见了不起的自己：自强不息

自弃者扶不起，自强者打不倒。
你要自己发光，而不是折射别人的光芒。

开篇语：

文化，不仅我们需要，我们的子子孙孙都需要，愿我们能一起传承文化，践行文化，自己受用，造福后代！

——蔡洪光

屋漏偏逢连夜雨

“爱”应该是世界上最好的礼物了，因为有它，我们的心灵最深处会一直住着柔软和温暖，无惧现实的风雨惊雷。我曾经很羡慕人家有好的原生家庭，因为我的不仅没有爱，而且有太多不好的记忆。

我出生在福建农村，家境不好，父母感情也不好。父亲找过小三，和妈妈冷战是家常便饭，他会扔妈妈的东西，抽烟，打牌……而且性情暴躁，爱发脾气。

妈妈因病去世后，17 岁的我感到世界更冷了。父亲非常重男轻女，纵容弟弟 3 年不上班，在家打游戏，但对我一开口就要钱，甚至要我出钱建房子给弟弟娶媳妇。

我的第一份工作是导游，早出晚归，三餐不定，因此我落下了严重的肠胃病。父亲可不管这么多，只一个劲儿地找我要钱。心寒的我不得不远嫁湖北，最后，彩礼都被父亲拿走了，一分都没留给我。

出生不能选择，可悲的是，我远嫁也选错了家庭。一旦起争执，丈夫（前夫）就嚷嚷着骂我，要多难听有多难听。他会算计给了我家多少彩礼钱，我们一家三口出去旅游花了他多少钱，小家添置东西花了他多少钱，我应该还他多少钱……当我满怀憧憬想要建立一个温暖的小家时，真心付出换来的却是对方的责备、驱赶、谩骂、羞辱……多少个夜不能寐的时刻，我都含泪问苍天，我是做了多少坏事，这辈子才会遇见这样的至亲们？如果说今生相见，必有相欠，但愿今生不欠，来世不见吧。二十出头的我甚至萌发出“一盏青灯伴余生”的消极想法。

后来，我怀孕了。湖北的饮食跟福建很不一样，婆婆每道菜都放辣椒。为了孩子，我委婉提醒过几次，没用。为了家庭和睦，很多的不习惯我都忍着，努力委屈自己去适应他们。

吃穿上的不同习惯我可以努力去适应，但婆家人的态度却让我有些心寒。婆婆爱打麻将，我养胎又怕嘈杂，所以她总是想着外出打两把。每次到了饭点她还没回来，我就叫丈夫买来食材，我自己做一家人的饭菜。还好当时丈夫对我还可以，有时候会为我做菜，陪我散步。

从小生活在鸡飞狗跳的家里，我特别希望一家人和和气气的，哪怕自己受点委屈都无所谓。但事与愿违，丈夫和婆婆每天都吵架，一旦吵起来就会把对方陈谷子烂芝麻的过错挖出来反复掰扯，陈年旧账理了一遍又一遍。我劝了好多次，但他们习惯了多年来的相处模式，我也改变不了什么。后来他们再吵架的时候，我怕影响孩子，就逃去田野与自然为伴。

不得已，我尽量将注意力从自己对现实的失望，转移到还没出生的孩子身上。我自己半生坎坷，只希望对选择我做妈妈的孩子负责。

两个月孕检时，医生说我的孩子偏大；3个月孕检时，说是双胞胎；4个月做彩超时，我看到了两个小家伙的样子，满心欢喜。回家后，我就经常放一些国学经典，比如《弟子规》《了凡四训》《大学》《中庸》等给他们听。与其说是放给他们听，不如说是放给我自己听。我一边听一边绣着“家和万事兴”的十字绣，对未来充满了期待。

然而，命运总是捉弄人，我怀孕7个月时，两胎中死了一胎。当时不仅是孩子危险，我也很危险——我得了双胎输血综合征。医院说要马上动手术，而且提醒我说孩子不一定能存活，生下来放保温箱里也要10万到20万元的后续费用。

丈夫没钱，娘家指望不上，我当即拿出自己的信用卡给丈夫。但他考虑再三，决定出院赌一把。那一刻，我深深感受到什么是“贫贱夫妻百事哀”，因为那一刻的金钱可以换两条命。

疾病是人间最残忍的魔鬼，它毁灭了一个个原本幸福的家庭。

出院后的那一个月对我来说就是十八层地狱走一遭。我祈求上天，我死活没关系，但恳请放孩子一条生路。我很愤怒也很无助，到底是什么在掌控我的命运？老天凭什么能决定我的生死，决定我孩子们的生死？

就在我最煎熬的时候，丈夫因打架被拘留了。我甚至哭不出来，只能自己和婆婆时刻监听孩子的胎心。

一件又一件糟心事，练就了我如今“泰山崩于前而面不改色”的心性。很多人说我的心很冷，做事也果断，想做什么就做什么，不听别人的建议。我只想问：“在我的生死关头，谁又帮我了？”

熬到怀孕8个月的时候，我选择了剖宫产，签了很多的“生死状”，印象最深的一张就是：“羊水已经变质，孩子可能会脑瘫……”在深深的恐惧和无助中，我每日都读书。旁人笑我净整些没用的，我不知道到底有没有用，但是我能借此得到暂时的平静。

最后，老天对我还算开恩，留了一个孩子给我。不过他一出生囟门就比一般孩子大。看着他的囟门在颤巍巍地动，我小心翼翼地防着自己碰到他，悲喜交集。

当生则生，当死则死。意外、疾病我自己无法把握，那我就把握我能把握的，做我能做的。经此一劫，我彻底看淡了生死，也算是一种成长和得到吧。

女人当自立

我非常感谢我的孩子，为了让他快乐成长，我把自己活成了“孩子王”。我很享受他给我带来的无穷无尽的快乐，他天真的笑声、童真的言语、软软糯糯的拥抱，时时刻刻都在温暖、滋养我，我好像也跟着他重新做了一回孩子。

我曾经希望自己有个温馨的原生家庭，但没有得到；希望自己有个幸福的小家，也没有得到。但现在，我愿意并且有能力给孩子一个充满母爱的原生家庭。

可是，当我出院回归职场时，老领导已经离职了，我只好带着孩子回了娘家。那时父亲建了一栋400多平方米的房子，负债累累。我看着他为了还债而没日没夜地上班，于心不忍，开始帮着还债，应付络绎不绝来讨债的人。

丈夫生怕我补贴娘家，就连孩子的开销也跟我斤斤计较。我意识到得赶紧自立，但是工作很难找，所以我只能琢磨一切能带着孩子赚钱的方法。

当我发现晚上热闹的广场有好多人摆摊时，我也摆起了小摊——从网上进一些玩具来卖。刚开始也不知道什么好卖，就边摸索边尝试，后面摊子慢慢扩大了，有打弹珠、碰碰车、画画、打枪等，到最后干脆开了游乐场。

开游乐场之前，我父亲因故进了监狱，弟弟向我要钱走关系，我问他能出多少钱。他顿时恼羞成怒，让我“滚出去”。为了挣更多钱，我咬牙顶着委屈和压力建了游乐场。而丈夫疑心我补贴娘家，一直骂骂咧咧。

那时候，无论是北风呼啸还是春寒料峭，只要广场有人，我就背着或抱着孩子去摆摊。人家问我这么辛苦干吗，老公呢？我笑而不语，谁都靠不住。为了孩子，我吃什么苦都心甘情愿。

这几年，我在小镇上开儿童游乐场，老人孝敬到了，孩子照顾到了，经济也渐渐宽裕了些。当然，我也有对不起的人，那就是我自己——起早贪黑地忙碌，身体出现了一些问题。

以医入道，为爱而来

我来人间一趟，本想光芒万丈，可最后只为碎银几两。就是这碎银几两，可护幼子成长，家人安康。

我做导游时脾胃严重受损，远嫁过得很难，孕期和月子都没有得到好的调养，还要照顾体弱多病的孩子，全靠一口“仙气”硬撑着。再后来摆摊、开游乐场等，长期劳累和熬夜后，我的颈椎、腰椎、肝胆都出了一些问题。逐渐安定下来后，我终于可以喘口气调养一下了。

机缘巧合下，我接触到了中医，并有幸认识了恩师蔡洪光。老师说，还原健康的方法就是“三通一平一补”。

第一，人要无病，肠要干净。饮食不是吃得越多越好，“若要小儿安，三分饥与寒”；每天一个苹果，保证肠道润滑通畅。

第二，人要长命，血要干净。师父首若飞教我很多茶道养生知识，还教我石斛仙草的宝贵知识。他快 50 岁了，但精气神和状态就像 30 岁左右的小伙子，还被广西电视台养生栏目专访过。石斛是天生仙草，是肠道的清道夫。

第三，人要无病痛，经络要通。当长期使用身体而不注意保养时，就会有各种酸、麻、胀、痛、痒，颈椎病、肩周炎、腰肌劳损等，这些都是身体过度劳累发出的警告。学会刮痧、拔罐和针灸后，就能在身体疲惫的时候及时调理，预防小问题累积成大问题。

如果人体的腹温升高 1℃，抵抗力就增加十倍。可以试试温灸神阙穴、关元穴，泡脚和睡觉补充能量，抵抗力好了，自然百病不生。

现在，我生病后先尝试自己解决：

第一步，早睡觉，23:00 前必须睡觉，泡个脚暖暖地睡觉。因为身体透支了，花多少钱和精力都补不回来。

第二步，万一熬夜了，马上温灸半小时，补充能量，隔天一定要睡子午觉。

第三步，有空就泡脚祛寒，不喝任何冷饮，哪怕是在夏天。

第四步，不在乎穿得是否好看，但必须全身穿暖才出门，冷天出门还贴蕲艾贴暖肚子。

第五步，苹果、橙子常备。

第六步，饮食以五谷杂粮为主，营养炖汤不可少。

第七步，寒则热之，热则泄之，不断调整，让身体尽量保持平衡的状态。

第八步，经常练健身气功八段锦和本我禅舞，练深呼吸。

第九步，让自己跟身边的人保持良好的关系，财富增长。

人只有生病时才会回归本心。健康就像存折，“光取不存”，一旦消耗光了就再也没有了。如果身体很差，好运来了你也承载不了。

曾经有人问恩师蔡洪光：“现在这个社会，大家都在想办法多挣钱，你为什么还花时间去写书呢？”老师说：“中国的经络知识可能现在很多人都不懂，但是我们的子子孙孙都需要，只要有健康需求的人都需要！”

我是经络养生的受益者，也是经络养生的传播者。我愿意用我如实如是的践行，协助恩师蔡洪光去感染更多人来学习经络知识，为千家万户点亮一盏健康的灯。如果我们能发现小病并自己及时处理，就会大大降低大病突然而至的概率，少一些散尽家财、人财两空的悲剧，同时在自己老了、病了时也能更有尊严地活着。

除了中医，我们也做力所能及的公益。比如师父义卖云南昭通山区的苹果资助贫困小学的时候，我就利用所有人脉义卖了很多。最后师父如实如是地把卖苹果赚到的钱都捐给了希望小学，没有卖掉的捐给了养老院和孤儿院，也分给了我一些。如今，我最爱的苹果就是云南昭通苹果，很脆很甜。

我永远记得肚子里的孩子不得不在变质的羊水里煎熬一个月的悲剧，每一分每一秒我都在跟他一起煎熬……也许如果我当时经济宽裕的话，一切都会有更好的结果。但我也想通了，人生没有白走的路，每一步都算数。我不再纠结于往事，而是活在当下，把每个角色都做到最好。

这一路走来，我知道从来没有什么救世主，也不靠神仙皇帝，必须自己拯救自己。就像人人都有经络，人人都能做自己健康的第一责任人一样，人人都可以努力掌控自己的命运。

师父说：“如果有一天你感觉幸福了，希望你去帮助别人，帮助别人开智慧，帮助别人得到幸福，相信你也会获得幸福的感觉。我传播经络养生 40 多年，很多人和家庭因为知道经络养生而受益。余生，我也会继续传播，与大家共享健康人生。”

【主编的话】

思羿的故事看着就让人揪心，感觉一个人承载了好几种苦哈哈的命运，也许正是经历了这些苦难，她才能与别人共情，结缘中医，生出悲悯之心，从而帮助更多人。

姓名：韩文娜
城市：广东湛江
身份：高级家庭教育指导师、儿童潜能写作创始人
个人愿景：激发孩子们的写作热情。

韩文娜：欣赏，激发潜能

看见了不起的自己：潜能欣赏

欣赏有一种魔力，学会欣赏自己，便会欣赏别人，
便能挖掘其潜能。

孩子们喜欢听我讲课，也许是因为我有独特的“法宝”。对孩子而言，犯错误而不被惩罚和批评，简直就是惊喜。而我面对他们的错误，总是先管理好自己的情绪，不批评，不惩罚，带领他们去思考和看到不完美的自己，接纳自己的不足。我还会发自内心地去欣赏他们，帮他们打开思维的空间，看见另外一番天地……

在我这里，我允许一切好的与不好的发生。

因为我知道犯错是一个生命成长的必由之路！

情绪是关系的纽带

孩子对父母和老师的最高评价大抵就是：情绪稳定。

现在，很多老师经常会带着情绪交流，不仅破坏了师生关系，也导致一些学生厌学。孩子厌学，父母就会更加焦虑，孩子的压力就会越来越大。在我的教育理念里，关系是教育的前提，而建立良好的师生关系的基础就是管理好自己的情绪。

静，具备强大的能量和磁场，只有让自己静下心来，才能聆听孩子行为背后的需求，聆听孩子的内心世界，才能真正地成为孩子的引领者。作为老师，孩子在犯错误时最容易启动我们的情绪按钮，但这也恰恰是建立良好师生关系的重要节点。陶行知“四颗糖的故事”给了我很大的启发：孩子是在犯错误中成长的，面对孩子的错误行为，我们究竟是在行为上做功课，还是想让孩子反躬自省，从而做出改变？

情绪是能量，也是身体的一部分，我们要学会转化和释放。孩子们不遵守纪律的时候，我也会有情绪，但我会先把状态调整好，然后说：“娜娜老师虽然不批评、不惩罚，但是不代表我没有情绪。此刻，我很生气。先让我做几个深呼吸平复一下心情。”听完后，孩子们总是很快安静下来。看似一句平淡无奇的话，背后却是深深的接纳和允许，它蕴含着强大的力量，温暖和触动着孩子们柔软的心灵。

我告诉孩子们，在有情绪的时候要学会表达情绪，而不是带着情绪去表达。不允许他人的部分也是对自己的不允许。作为父母，作为教育者，在陪伴孩子成长的过程中，我们要先允许自己做不到，先接纳自己的情绪和不完美，再去接纳身边的一切，包括孩子的错误等。

教育的真正意义是给孩子自己需要的，而不是给孩子我们觉得他们需要的。只有读懂孩子，才能给予他们成长中需要的养料。面对孩子的错误，我经常带着开放性的思维，把关注点放在未来，引领他们去找解决问题的办法。我常常说：“犯错误是正常的，但是，我们在错误中获得了什么样的感悟去成长，这才是最关键的。”

有几个孩子经常迟到，在我看来，让孩子具备解决问题的能力，最重要的就是打开他们的思维。有一次，我和他们来了一次“头脑风暴”，我说任何一个问题都有三种以上的解决方法，启发鼓励他们自己说出迟到的原因和解决方法。

有一个同学在习作中写道："迟到经常会给我带来尴尬的体验，这种滋味不好受，我决定以后再也不迟到了。"你看，我们想让孩子变好，就要让孩子拥有一种变好的能力，而这份接纳、允许和鼓励就是在帮助孩子滋生这种力量。这种力量也会让孩子一点一点地看见了不起的自己。

育人之道在于育心

"士不可以不弘毅，任重而道远。"行走在家庭教育道路上的我经常思考：我能为孩子做些什么？怎样的教育才能让孩子拥有更好的生命能量？怎样的启发才能让孩子游刃有余地创作？内力大于外力，要想激发孩子自动自发地去创造，就必须从"心"出发。因为心生万物！

人一旦开始思考，就会去改变和创造。人一旦有了慈悲心，就会去欣赏。而"欣赏"和"创造"成了我教育的核心法门，也成了我和孩子们之间情感流动的主旋律。我经常会鼓励孩子们："大胆地去创造吧，你能行！"

我是一名既从事家庭教育工作，又钻研儿童心理学的儿童潜能写作导师。我把家庭教育和儿童心理学融入写作教学中，激发孩子们的写作潜能，帮他们拥有"五敢"——敢想、敢说、敢写、敢于创造和敢于做自己。

每个孩子都是天然的宝藏，如何挖掘并引领他们写出有灵魂的作品，最重要的就是真实的情感流淌。我总是鼓励他们顺着自己当下的心境去创作，不要刻意去编造，因为真实才能打动人心。心一旦被打开，情感就会像洪水一样喷薄而出。

四年级的何汶禧在《妈妈的背影》中写道："我和妈妈闹矛盾了，妈妈红着眼睛来抱我。我讨厌地想挣脱她，但我的力气不够大，直到她离开，我都没有抱她。我是第一次凝望她的背影，这背影是那么的孤独、寂寞、无助，各种情绪在我心中翻滚。我哭了，我后悔了，我真想扇自己一巴掌，为什么就因为那点颜面伤害我的妈妈？我永远都觉得自己很苦，但那一刻我才明白，妈妈比我们还苦……"读着读着，我的眼眶也湿润了。我能感受到孩子内在的真挚情感，像雪一样纯洁，像花一样灿烂，像风一样灵动，像雨一样滋润，它又像暖阳一样，把孩子的心紧紧地包围着，温暖且真实，真实到触手可及！

点燃热情，启迪智慧

“观古今于须臾，抚四海于一瞬。”古老的传统文化博大精深，为了让孩子们在文学创作中感受历史的厚重，体会到传统文化的魅力，让他们有心灵上的震撼，暑假，我带孩子们外出研学，共创了一趟美好的文学创作之旅！

在宋元崖门海战遗址，我们聆听了中国古代历史上最大的，也是伤亡最惨重的海战故事。我告诉孩子们，南宋虽然覆灭了，但是那些为国捐躯的忠臣义士将会被历史永远铭记，因为他们誓死保卫国家的精神值得传承。危难面前，忠臣陆秀夫背着少帝投海自尽，文天祥以一首《过零丁洋》拒绝投降，十万军民纷纷跳海殉国……近千年以后，山还在，海也在，我们看着那些遗留下来的一景一物，循着他们的足迹前行，静静地去感受那份悲壮和深情，怎能不为之动容？

灵感来自对信息的读取。凝望着石碑上雕刻着的《过零丁洋》，我让孩子们先读一读，去试着共情作者当时的心境和这首诗的意境，然后又试探性地启发他们：“此时此刻，此情此景，谁有想吟诗作赋的欲望？”

不一会儿，王彬宇同学出口成章：“他乡之客在此时，天空无云微微雨。追忆往昔崖门战，心中感慨思成千。”

他一鸣惊人，犹如一颗巨石在平静的湖里掀起了阵阵涟漪。我惊叹道：“好诗，你就是现代诗人！”大家羡慕的目光笼罩着他，那份成就感令他嘴角上扬。

见此情景，叶子锐同学按捺不住了：“南宋遭逢起一难，战戈寥落满天星。山河破碎魂犹在，只等来世再河山。”

“哇，这气势够惊人的，又一位诗人新鲜出炉！下一位又将花落何处？”我既兴奋又感动，孩童一样挥舞着双手，呼唤下一位诗人。于是，黎俊熠同学又吟诗一首：“崖门英魂二十万，爱国之心把人感。前辈卫国把命丧，吾辈尽力保国安。”

孩子们都争先恐后地开始思考和创作：“老师，我写了一首诗。”“老师，我也写了一首诗。”我简直惊呆了！在那个天然的场域中，在人文历史的熏陶下，灵感的火种被点燃，创作的欲望被激发，梦想的种子在生根，爱国的情怀已迸发。那一瞬间，我心中只有一个声音：谁说孩子不爱学习？这不就是青少年该有的活力和模样吗？

在教学当中，我会用心捕捉孩子们的每一个细节，并及时给予鼓励和欣赏。我要让孩子们在松弛感中去创造，在创造中去获得成就感，在点滴的“做到”中去累积自信，从点滴中看到了不起的自己。

放松才能更好地创造

高阶智力的发展有助于孩子的身心健康、情感和价值观的培养，而高阶智力要具备创造力和思考力。很多父母总是替孩子决定，甚至包办代替，导致很多孩子丧失了独立思考的能力，减弱了创造力，甚至失去了好奇心。纵观世界发展，人工智能的发展如火如荼，要想让孩子在未来的社会中有竞争力，高阶智力的培养就显得尤为重要。于是，我在课堂上将“思考就是创造的过程”这个信念植入孩子的潜意识，时刻激发孩子们思考的欲望。爱思考的人，大脑会犹如一泓甘泉，灵感永远不会枯竭。

我的教育方式是开放性的、多元化的，我们走进大自然，走进电影院，走进田野，在不同的地方寻找写作的灵感，让孩子从更广阔的角度去看待并爱上写作。

有一次，我把教室搬到了海边。我先让孩子们静静地用心去感受面前的这片大海。然后，我问孩子们：“你们感受到了什么？”

一个孩子说：“面对辽阔的大海，吹着凉爽的海风，听着波涛翻滚的海浪声，我感到内心很平静、很愉悦、很放松，也感受到了大海的宽广与辽阔。”

我马上肯定了他：“很好，你用心感受了，那你又悟到了什么呢？”

他想了想，说道：“做人要像大海一样懂得包容。”

是的，海纳百川，有容乃大。这，就是大海的品质。

我让孩子们抬头看看天空，问他们看到了什么，感受到了什么，听到了什么。在教育孩子的过程当中，我们的语言是有引导性的，引导孩子如何思考很重要。我们要引领孩子看到他未曾看到的世界，想到他未曾想到的事情，感受到他不曾有过的感受。一篇文章如果没有情感的流动，就失去了灵魂和精华。带孩子们来到海边上课，就是想借助大自然的力量唤醒孩子的内感官系统，全方位打开孩子的身心，孩子便能用心感知这个世界，情感就会像河流一样源源不断地流淌。

一个孩子观察了一会儿后回答我："老师，我感受到了天空的辽阔，我看到了蓝天和朵朵白云，很美！但我什么都听不到。"

我启发孩子："用心去聆听云朵飘动的声音，用心去感受天空包容万物时的那份宁静。"修行在于修心！我想让孩子带着心去生活，从小就拥有一种能力，能去掉浮躁，去掉欲望，去掉对利益的分别心，努力活出通透与清明，用足够的底气游走于繁华嘈杂的人世间……

到了创作的时候，我经过彦成殷同学的身边，看她在用心写作，对她说："你来写一首诗吧！"她惊讶又激动地看了我一眼，不一会儿就兴致勃勃地把她的作品《望海观叹》拿给我看：

近看，大海泛起层层波纹，拍打岩石撞击的声音让人心旷神怡，心情舒畅。远看，大海像个熟睡的婴儿，还像个温婉风趣的小女孩，穿着淡蓝色的连衣裙随风舞动着。大海也有汹涌澎湃的一面。有时，它犹如一头被激怒的狮子，发出巨大的声音。大海，我爱你，我爱你爱得深沉，让我写首诗献给你吧。

《望海观叹》

徒步于海滩，仰望于海面，

内心于平静，爱你于大海。

品读着这优美的文字，我赞叹不已：只要我们给予孩子一方舞台，他们就能够本能地将自己深藏的天赋异禀发挥出来，生发向善向上的力量。

我拒绝模式化的教学，倾向于用开放性的思维带领孩子们去创造；我拒绝传递给孩子限制性的信念，而是找到他们喜欢的方式因材施教。我想给孩子更多弹性的空间、更多的选择，让他们更加自由地做最真实的自己。

随着对教育的深入探索，我意识到：一个人思想的形成是由觉知到思考的过程，而视觉、听觉和感觉被打开后会形成深层认知，会让细胞产生记忆，封存在孩子的身体里，成为孩子一生取之不尽的资源。

巧妙地引导遇见全新的自己

提升孩子的认知，调整孩子的思维方式，也是我的写作课特色。孩子的认知得到提升后，自尊水平会随之提升，思维方式会发生改变，看待问题和解决问题的角度也就不一样了。

对教育的热情让我全身心地投入教学当中，对孩子们的喜爱让我内在生发出更多的温暖和力量。真正的教育是什么？不就是点亮孩子心中的那盏灯，让他找到前行的方向吗？

教育在细微处，而写作也在细微处。有一次，饶子逸同学不到 10 分钟就完成了习作。我看了看，在黑板上写了个“慢”字，我告诉他：“一个人如果做事情太快，会忽略细节，失去思考的机会，看不到大局和整体，就算拿到了想要的结果，也失去了做事本身的意义，这样能让自己成长吗？”看他若有所思，我又继续说：“如果你能慢下来，先认真思考，再按照自己的节奏走好当下每一步，就能尽最大的努力做好每一件事。这才是一个成功人士应有的秉性。”

他听了，很认真地说：“老师，我决定了，我重新写这篇文章。”这让我很欣慰，他调动了内在拥有的资源，开始用一种全新的思维方式去看待这件事情。他允许自己犯错，允许自己暂时不够好。因为有了允许和接纳，他内在滋生了一种巨大的能量，这就是一种内驱力。很多时候结果并不重要，重要的是孩子如何看待和解决问题，更重要的是孩子具备一种内驱力去做他想做的事情。那一瞬间，我又一次坚信：教育的意义就是点亮心灯，启迪智慧。

修己以安人。和孩子们一起成长，我的心也慢慢打开了，创造力自然而然地迸发出来。我会想方设法激发孩子写作的欲望，比如孩子说出了一个好词，我会很夸张地说：“哇，太谢谢你了，你又为大家提供了一个好词，你这种奉献精神值得我们学习！”我这样做，不仅要提升孩子的自我价值和自信心，还要让孩子感觉到“原来我是如此重要”。满足孩子成长过程中被欣赏、被需要、被认可的心理需求，是对生命最大的尊重。当一个生命得到该有的尊重时，它一定会拥有超强的生命活力，绽放无限光彩！

【主编的话】

欣赏的力量很强大，文娜正用这份欣赏去激发孩子们的潜能，或许我们也可以学习欣赏自己。

教育的根本，就是让树成树，让花成花。那么也请你允许自己做自己！

接纳我还不能做的，欣赏我已经做到的！

姓名：黄千金
城市：广东湛江
身份：轻创业者、家庭教育亲子导师
个人愿景：希望成为事业爱情双丰收的女人，用自己的人生轨迹唤醒更多年轻人的生命觉察。

黄千金：平凡女孩，越觉察越幸运

看见了不起的自己：自性觉察

觉察，让我和自己、他人、自然、社会等建立一个“沟通”的通道，回归自性。

开篇语：

我可以用别人砸向我的泥土，建造成内心的玫瑰园。

2022年11月，我结缘了王茹老师，参加了“金矿写作”训练营。老师在北京，我在湛江，虽然相隔很远，但我最终在她积极向上的影响下决定写写自己。

我打算写我是如何觉察、觉醒、蜕变的，又是如何找回内在力量，重建自我的。

纪录片《镜子》中有一段话：“每个孩子生下来都是一张白纸，父母就是作画的人，白纸变成什么样子，关键在父母。”是的，父母总想尽自己最大的能力给我最好的，希望我在他们的羽翼下做个快乐幸福的公主，长成一个优秀的人。

父母自己很优秀也很努力，因此常常认为他们都能做到的事，我也一定可以做到；或者认为他们帮我做的抉择是最好的，希望我按照他们的规划去做。如果你是我的同类，你一定懂我。

有好几次，我差一点就对自己说："算了吧，你爸妈吃的盐比你吃的米都多，听他们的吧，这样也挺好的。"但每次痛哭流涕一番后，我都听到内心有个声音说："不可以，那不是你的真实想法！"身体里似乎有一股力量在呼唤我不要放弃，我把这股力量叫作"热血"。

因为热血，我在一次又一次被拒绝后又重新调整，放大光明，减少黑暗；然后，跳出去创造我自己的世界。

女人当自强

1993 年，我出生在湛江市——一座靠海的小城。如果海水会说话，它会述说这座城市的繁华和一代又一代湛江人的拼搏经历。我父母是"创一代"，前期的艰苦就不提了，但他们的人生轨迹里没有"放弃"二字，最终改变了家族命运，成了当地小有名气的企业家。

父母日夜操劳，走南闯北。他们不是在各个城市间来回奔波，就是在工厂加班，要么就是拉着行李箱，风雨兼程地丈量工厂到家的距离，以及机场到家的距离。

小学二年级时，父亲带我坐大巴去广州。空调开得特别低，他把被子都盖在我身上，自己蜷缩了一夜。第二天，他拉着我能量满满地往返于客户之间去分享产品。广州真的太大了，我和父亲都很累，虽然天上飘着雨，但我依然耐心地盼望着他能够成交。后来，坚忍不拔的父亲改写了自己和家族的命运，他成功了，春种秋收，就像果树终于结出了果实。

我父亲有个可怕的特点——做计划，起得早。我但凡不做计划、不早起就会挨批："年纪轻轻，自己的时间都不懂提前规划，将来如何做大事？"我必须在回答中进行深刻自省，也曾因为父母不接受自己的想法而委屈地生闷气、掉眼泪，甚至气到肚子疼。我总感觉父亲对我太严格了。

父亲是家族的骄傲，所以大家总是对我说："你父亲是大老板，你是千金！”说完又鞭策我奋发进取。那一刻，我总感觉自己傻傻的。

和父母参加各种高端饭局时，哪怕我打扮漂亮，硬撑着参与到欢乐的人群中，见人微笑，坐有坐相，站有站相，脑海里时刻谨记着那些条条框框，但还是无法融入父亲那个圈子。

然而，温柔而威严的父亲对我有非常高的期待："我告诉你，你是我女儿，你必须争气，你是做大事的人！"

许多年以后，我明白了他的教育方法叫"无痕教育"。这种潜移默化中的心理暗示对我影响很大。

我被成功"洗脑"，"我是做大事的人"的早期理想早已贯穿了我的前半生。而我也的确是这样走过来的——提前规划，设定一个目标，不懈努力，直至把目标踩在脚下，然后再定一个。循环往复，乐此不疲。

心语：父母和孩子是一个"团队"，是自己人。当孩子的表现未能如你所愿的时候，不可突然跳到对立面否定和打压他，否则一个团队的信念就崩塌了。一家人要有难同当，共同面对外界的艰辛和挑战。如果父母的态度因为结果好坏而阴晴不定，孩子就会因为害怕出错而不敢继续尝试。

单身大龄又如何？

茫茫人海，大千世界，于千万人之中遇到一段双向奔赴的爱情，就如同中彩票一样可遇不可求。在故乡，三十而立之后仍未婚育的女性，要承受的压力不言而喻。

我的初恋发生在学生时代。那时候我总是害怕自己不够好，处处迁就他，凡事以他为先。正当我憧憬着我们以后的婚礼时，他却出轨了。

当时我无论如何也不能相信这样的狗血情节会发生在我身上：怎么会是我呢？我从小德智体全面发展，我好好学习，爱读书，五官端正，身材匀称，会做饭，家境优越，父母恩爱……我究竟是哪里出了问题？什么时候出的问题？怎么会是这样的结局呢？

之后的很长一段时间，每当夜深人静时，我一想到这些就眼神空洞，只觉得一股寒气从地上升起，湮没我的全身，令我彻夜无眠……被骗了，一整个青春都被骗了，我整个人都被否定了……

那段时间我每天都去海边，一个人呆呆地看海，胡思乱想：令我感到痛苦的究竟是什么？是失去心爱的人，还是被欺骗的屈辱？是希望的破灭，还是对自我的否定？我就像掉进了一片深深的沼泽，别人的劝慰我听不进去，自己又找不到出口。

直到有一天，心里突然有个声音说："他根本不会改，那你凭什么给他机会啊？"

于是，那个星期天的晚上，我在电话里和他说："我们分手吧，别人都说你配不上我，你还真就配不上我。"说完我就挂了电话，把他电话号码拉进黑名单后终于平静下来了。

我承认自己恋爱失败了，接受了我看错人这个事实。无论是同学情还是恋人情，我再也不需要和他纠缠了。

在城市的某个角落，相似的剧情总是一再重演。我们都以为自己会是那个幸运的人，只要用心和努力，就能把握住恋情，甚至在对方想要离去的时候感化对方。为了挽回对方，我们甚至有时候会把自己放得很低。但是，不是努力就一定会成功的，不是付出就一定会有回报的，尤其是爱情。姑娘，你还是很好，也没做错事，但他就是不喜欢你了，是他出现问题了，仅此而已。

30岁以后，无论是事业还是恋爱上的成长，都比不上自我发现的成长艰难。

心语：我们要回到真实的世界去面对一切，长痛不如短痛，暂时分手的痛总好过嫁错人后一辈子的委屈和苦痛。如果一起生活不能使我们更快乐，那勉强在一起的意义又是什么？

用运动自我救赎

2020年春，受各种因素影响，我们企业发展遇到困难，无奈开始裁员。2021年5月，我妈身体检查出问题。2022年3月，我的银行卡被冻结，皮肤疯狂长痘，前所未有的痛苦、绝望和恐惧向我袭来。

一次次陪妈妈前往医院，一次次在手术室门口等待，妈妈受病痛折磨的样子、爸爸难过的样子都令我无助又痛苦。我回到家哭倒在洗手间，像是置身于炼狱一般。

哭过以后，我决心面对这个考验。我问自己：我能做点什么？于是我想到了减肥。为了逼自己坚持下去，我给身边人发出通知：我要给自己制订一个100天塑身计划，练出马甲线。我准备了1双运动鞋、3套新运动套装、1张瑜伽垫，次日就开始了连续100天的高强度间歇训练。

完成30天的打卡后，我的体能开始增加，每次的运动时间变长了，运动强度也有所提高，运动状态从一开始的气喘吁吁到可以自由调整呼吸了。第三个月，距离100天只剩最后40天时，我常常使用“上身法”——在做困难的动作时，想象自己是“理想中的自己”，并把喜欢的明星的照片放在书桌上，然后就会如有神助，以前做不了的动作也能做到了。

不知不觉中，我练出了马甲线，改变了穿衣风格，顺利完成了100天运动打卡！

《功夫熊猫》里的乌龟大师说：“消息就是消息，没有好坏之分……放弃，不放弃，做面条，不做面条，对于过去与未来，你想太多了。俗话说得好，昨日是过眼云烟，明日是遥不可测，但今日是上天赐予的礼物，所以才要把握当下。”

每个人遇到猝不及防的事情都会本能地害怕、痛苦甚至逃避，这很正常。别害怕，请正视现实，判断自己能做什么，然后告诉自己：一切都会过去的，我会从痛苦中得到成长和历练。

行动不一定会成功，只有坚持每天行动才会成功。我们要将自己有限的精力放在更有价值的事情上，为自己设立目标，再达成目标，杜绝浑浑噩噩。然后，你会遇见更好的自己。

正如卓别林的诗歌所描绘的：“当我真正开始爱自己，我才认识到，所有的痛苦和情感的折磨，都只是提醒我，‘活着，就不要违背自己的本心’。今天我明白了，这叫作‘真实’。”

心语：人的成长道路都是曲折蜿蜒的。沿着旧地图，无法找到新大陆。

忘记背后，努力向前，向着标杆跑。

觉察之路

当我开始学习写作后，我的内心发生了改变，世界还是那个世界，但我内心对待世界的感知已经完全不同了。我如有神助，仿佛长出了新的灵魂……

我反思过往，试图用孔子的角度去考虑问题，“己所不欲，勿施于人”，培养和发展自己对一切鲜活美好事物的热爱与追求。如果人没有不断地积累知识，人的心性没有不断地修炼，那么便不会成长，我们也不会觉察出自己和他人的区别。如果一个人没有觉察心，分不出好坏，也不努力让自己变得更好的话，就会对周遭的一切变得麻木。

提升自己的觉察力后，你的心境、力量都会回流到自己身上。觉察的过程要慢，不要快；要看到自己的需求，同时看到别人的需求；不要忘记开发自己的心灵和思想；关注你所忽视的，才可以更全面地提高自己。

对于个人来说，觉察力就像一束直射到自己灵魂中的光芒，我们必须使这束光芒永不熄灭。幸福的开关，不在外在，而在于心灵的自由、思想的自由。人生的自由就是允许别人真实地存在，允许自己真实地存在。自己制定游戏规则，你就成了人生导师。

茫茫人海中的好姑娘啊，读这么久的书，走这么远的路，就是为了追求幸福吧。真正的幸福一定建立在美好与智慧之上。最重要的还是自知：知道世界始终很大，自己依旧很小；知道世界可以越走越小，而自己可以变得强大。与其谨小慎微，不如索性做回一个真实坦荡的自己。无论如何，我正视了自己的内心，欣然分享我所拥有的和遭遇的一切——无论是东西，还是思想。我这辈子，塑造好我自己，当我自己的作品就够了。姑娘们，你们也是自己的作品。

现在，我已经 30 岁了，无法后悔，不能重来。自我坚定而丰盛的人不会害怕周围负面的声音，心智成熟的人会思考，会有则改之，无则加勉，会微微一笑说：多好玩啊，人间值得。

觉察的 3 种方法：

1. 觉知内在的世界。

我们年轻一代需要更早地觉醒。要敢于面对自己，剖析自己，正心正念，每天觉察自己内心和情绪的波动。觉察力是面对自己，洞察力是面对别人。内心强大要有“三力”：觉察力、洞察力、连接力。情绪被牵动时，试着深呼吸，呼吸间觉察、释怀，感受对方的感受，好好说话，拓展心的容量。

2. 眼里有人，心中有爱。

我们要心态平和，语言温柔。每个人都有自己的活法，要尊重别人，求同存异，放下内心的对抗，用真心换真心，不要去决定别人的事情。要真实表达自己，真实才有情感共鸣，真实才有力量，才能达到身心合一。

3. 唤醒良知，读懂生命的爱。

如何唤醒良知？在高度放松的状态下，回到自己生命的起点，看到自己的潜意识，看到潜藏在意识背后真实的自己。在学习中自省、感恩、接纳，身心合一。对身边的人和事主动承担责任，不求回报地付出。爱是一切的答案。

【主编的话】

如果原生家庭没有把我们的内心基础打好，那么我们最少要花 20 年重建内心世界，再花 20 年重建外部世界。重建并不是最重要的，而觉醒才是！黄千金这位 90 后女孩，尽管经历了原生家庭、失恋的影响，但通过觉察，开启了自性觉醒之路。我想我们任何人都可以，弃自卑、拾自信！

姓名：王莹
城市：北京
身份：媒体人、“生活创客”（HERmedia）主理人
个人愿景：为创业女性赋能，与更多女性一起成为更有影响力的人。

王莹：打破限制，勇敢做自己

看见了不起的自己：直面勇敢

勇敢是当你还未开始就知道自己可能会输，可你依然去做，
并坚持到底，直到出现转机！

你怎样理解“勇气”？你勇敢吗？

小时候被欺负，我只能灰溜溜顶着满头的沙子哭着回家；上学时，哪怕胸有成竹，我也不敢主动举手；工作后，我每逢开会就坐到后排……这样的我，总会受到表扬。可我多么渴望变成另外一个女孩啊——她没那么听话，总是风风火火，敢说我想说但不敢说的话，大声回怼不友好的人……

她的勇敢是我渴望的模样。

“生活创客”（HERmedia）主理人

2023 年 5 月的早晨，雨。吃早饭时，我接到了客户的电话——去公园做团建活动。

我挂了电话就匆匆赶往实地，本以为工作人员自然会让我找活动对接人，

没想到他硬邦邦地说："合作也不行，进园先买门票。"40元门票，以前就是我一杯咖啡的钱，但现在我得精打细算，最关键的是这钱没理由花啊。我找他要电话沟通，他不肯通融。

没办法，我拿出手机翻各个网站，可就是找不到活动对接人的联系电话。雨越下越大，我按捺住想吵架的心，一次次堆笑恳求"我不是来逛公园的，我是来谈合作的"，依然被拒绝了。

怎么办呢？踌躇间，一个貌似工作人员的男人边打电话边走了出来，看上去像是好说话的人。我装作不经意地转到他的身边默默等着，他一挂电话，我立马将来意又重复了一遍。男人上下打量了我一下，兴许是觉得这个被雨淋得湿漉漉的人有点可怜，于是帮我联系到了活动部人员，还带我入园了。

这就是我创业的日常，也是我创业后的改变。要是创业前，我大概一赌气就买票了，但如今我宁愿淋着雨沟通，只为了让钱花得更合理。我不再惧怕讨价还价，不再在乎别人对我的看法，放弃了曾经的"清高"，还做起了很多以前因为"麻烦"而不愿做的事情。这一切，与其说是创业给我带来的改变，不如说是我改变了自己。

我常常被问："人到中年辞职创业，你后悔了吗？"现在，我来回答这个问题。

创业的选择——是的，我承认我有野心

2020年12月，我和闺密晓女侠辞职创业。我俩同时在朋友圈发布了这条喜气洋洋的信息："今天和闺密扯了个证。"做出这个选择其实并不太容易，创业对我们来说更像是一场浪漫的冒险。

此前，我俩一个就职于全球最大的机器人公司，一个在500强里排前十的企业工作。40多岁突然裸辞，大家都不理解，毕竟在当下，还有什么比稳定更让中年女性感到安全的呢？说实话，我也有些犹疑。

"辞职只是为了换种生活方式、为了实现梦想，这种想法会不会太幼稚？""人生后半场，我还有没有做梦的资本？"我一遍遍问自己。

作为女性，我们从小就被教育“做好妻子和母亲是女人的天职”“安分守己、贤惠温顺是一个优秀女性的特质”。当好贤内助，照顾好家庭，如果再有一份稳定的工作，在世人眼中这应该是女人的“上上签”。

“工作不错，可惜啊，就是都快 40 岁了还没结婚。”我总会听到这样议论女性的声音。

曾经我也是八卦团中的一员，闲暇时聊家常，男人和孩子永远是最重要的话题。似乎对一个女人而言，没有婚姻和孩子，再优秀都是让人遗憾和同情的。

对于男人和女人的成功和幸福，社会依然有不同的评判重点。也因此，大多数女人已经在这种评判下习惯了隐藏自己内心真正的向往；习惯于用谦逊低调应对职场中的争议；习惯于在家庭和事业的平衡当中摇摆不定……因为这些才是一个“好女人”的标准。**这些被定义的女性价值，不仅广泛存在于日常很多无形的角落中，也存在于我们自己的内心。**

辞职，意味着我不再循规蹈矩地走大多数人都会走且稳妥的路，意味着我要做些“出格”的事儿，意味着告诉别人我其实对事业有野心——这些对我来说才是选择中最难决断的部分。

1979 年出生的我，从小到大都是“乖乖女”，就是那种不容易给人留下印记的白开水。

这水怎么就突然沸腾了？他人不解，我却深知答案。

上小学时，一部名为《公关小姐》的电视剧让我对女商人充满向往。只是由于父母都是公务员，家中既没有经商的思维也没有经商的环境，“学而优则仕”似乎是一种理所当然。接下来，我先后做公务员，做记者，去央企，从没偏离过既定的轨道。读经济报纸、关注企业新闻是我多年来的爱好。从近代的董竹君到现代的董明珠、杨澜，这些女企业家的故事我也是读了一遍又一遍。

就这样过了 20 多年，40 岁的我决定创业时，看似突然，其实不过是我心底深埋已久的种子伺机而发了。

尤其是在我因为过于低调而在单位中错失了关键的晋升机会之后，我对于现在的工作和生活状态已经充满了厌倦。

未来，如果继续这样的日子，那就是在日复一日中等到退休；如果辞职放手一搏，也许会实现我多年的梦想，也许会失败而落得个鸡飞蛋打。那又怎样？如果一事无成，未来也无非是退休金少一些，无非是我可能还需要再找一个地方去打工。我已经在安全区躲避了这么多年，它确实给我带来了稳定，但也让我丧失了很多机会。

在一系列的自我追问里，我看到了自己想要的答案。

我想要看更多的人生风景。从现在起，做个勇敢的自己，做我自己想做的，而不是别人期望我做的事。我决定为自己赌一把，辞职创业！

创客的旅程——失败，不过是另一次开始

辞职前，我反复和家人沟通，获得了基本的认同。继而我又为自己和家庭的未来，做了一个大概两年的财务保障规划。看似带着梦想即可出发，但创业做什么？这个过程远非我想象中那么简单。

基于我多年的媒体工作经验以及我从自己身上看到的女性成长中的限制，我萌发了做一个女性成长交流平台的念头。我希望在这个平台，大家不光能够获得精神上的支持，还能得到导师的指引，在个人发展中最大限度地发掘自己的潜能。

我这个想法与闺密合伙人晓女侠一拍即合，于是我们开始围绕女性成长主题做公众号。从内容产出到线下沙龙，插花、品酒、茶艺、理财知识……各种活动陆续开展起来。虽然一切都需要摸索，但凭着热情，我们在不断的琢磨和尝试里乐此不疲。

一年后，公众号也写出了几篇阅读量过万的文章，但一般日活量都在几十和几百间。虽然我们不断尝试线上线下活动，但表面热闹并不能带来多少收益。经常是我们拿了赞助后，一场活动下来几乎没有盈余，有些还赔本呢。长此以往，可能我们将难以为继。

这其实也是很多像我们一样的“初创人”的共性，仅凭爱好和一腔热情投入创业的征程里，却从未对商业模型和路径有过深思熟虑，这让创业试错的

成本不断增加。

我们花了很长的时间去验证想法是否可行，创业资金的投入也远超我们最初的预期。新冠肺炎疫情开始后，线下活动没了，这对我们来说简直是雪上加霜。连续两年，我们不断地投入，营收却只有可怜的万元而已。

最开始，我们还互相打气，“没关系，我们这是在买经验。”时间一长，这种说法就越来越无力了。我们不得不想方设法赚钱，每天见很多人，尝试做各种事情，在很多“大忽悠”、空想家身上浪费了不少时间和精力。

失败，每天都尝试着新的失败，感觉“创业二人组”可能快到头了。

我开始自我怀疑：写作能力没有想象中那样强，所以导致自媒体没有流量；资源关系不够多，所以接不到项目也赚不到钱……一天，当我看到自己辛苦写作的一篇文章后的留言——“文章白扯半天，完全没有意思”后，既委屈又愤怒，趴在电脑桌上大哭了起来。我非常绝望：“你的能力根本就配不上你的野心，就这你还创业，活该！”

那段时间我开始暴饮暴食，体重从 110 多斤增加到了 140 斤。最要命的是，闺密动摇了：“这样下去，我的存款可能坚持不了太久，当初我给自己的预期是两年的时间。”

此时，我意识到创业注定是条孤独的不归路。你要忍受的也许不只是前行路上的孑然一身，还有各种直面自我的挑战。

现实已然如此，没有退路。“如果你深陷地狱，请继续前行。”丘吉尔的这句话出现在我脑海。**身处低谷，既然不能躺平，那我所能做的也只有做好当下。**

回想辞职创业的初衷，我想要给更多女性带来激励。现在，虽然我还没有找到持续赢利的地方，但我至少可以继续完善当下做的事情。多年的媒体经验，让我自信于采访和新闻传播。我擅长倾听和讲述，而我的闺密有丰富的市场调研经验，我们可不可以从采访创业女性的故事开始做起？既然建立平台需要大量资金和积累，既然我们一穷二白无法投入，那就先做内容。也许我们的读者和受众还很少，但只要有人看到，有人受益，我们的事情就没有白做。

乐观和积极向上的态度是一个创业者不可或缺的。庆幸的是，我们没有放弃。于是我们开始了“生活创客”（HERmedia）女性访谈。

在创业的历程中，无论你有怎样充足的准备，困难也会无孔不入。

有时，它看起来难以逾越，似乎随时能将你的努力击倒。此时，**请检视初心，专注当下。回望初心，失败又怎样？不过是另一次重新开始。对于创业者来说，需要谨记于心的是，失败不是污点。**

很多女性大概同我一样，时常会陷入“完美”陷阱。“我必须让所有人都满意”“我必须向所有人展示最美好的一面”“我必须完美才能向前一步”……诸如此类。而现实中，完美并不存在。作为创业者，懂得在失败时不过度将原因归咎于自己、懂得在失败中学习和发展才是最重要的。

绽放的她们——来吧，一起伸手去够星空

“生活创客”访谈开始以每周一位嘉宾的频率录制，我们邀请各个行业的优秀女性来分享她们对于创业的感受和经验。我们在她们身上看到了共同的特质——打破限制，不断自我实现。她们或是创业者，或是自由职业者。与男性相比，她们可能缺少一些将事业做大做强的野心，但个个都是顶住压力，在热爱和坚持中成长。她们就是我们想要寻找和敬仰的“生活创客”。

景汇泉博士是首都医科大学的教授，也是一名创业人和公益活动的推广人。她在 8 年的寒暑假里用心做了一件事——成立医学实践创新与志愿服务公益训练营。“让孩子们在医学之路上心中有爱，眼里有光”，这是这位国内一流医科大学教授的梦想。她说：“做这事儿，我收获太多了。最大的收获是看到孩子们的成长，另外我也因此有了一个上百人的儿女群，这是给我的福报。”

刘一是一个来自大凉山的女孩。曾经的她是个叱咤深圳品牌运营策划界的明星，IP 打造、做内容、做创意，成功运营了数十个品牌，帮助数十家企业完成上市推广的品牌创意。如今她重回大凉山，成为文化新农人。她说：“如果我这么多年积累的品牌经验能够帮助到我们的家乡，帮助到农户，把大凉山的好东西从山头直送到大家的餐桌，那么我就有了使命和责任去做这件事。”

金融白领朱黎玮在中年转场成为一名青少年户外拓展领域的创业人。她

会在春天带孩子们去插秧，秋天的时候又会带他们去割麦子、割稻子，让孩子在和家长一同外出游玩的探索中，回到大自然，从大自然中学习有关美和成长的知识。

……

半年里，我们先后采访了 30 余位创客。她们的故事影响了许多人，她们的经验也给了我们以及很多女性朋友更多的前行动力。在不断的耕作中，我们得到了很多，也收获了很多。

在默默做这些的时候，我们意外发现，关注我们的人在不断增加。因着这些资源和关注，我们也承接了很多企业的品牌宣传和团队活动。同时，一场以创业女性为受众的大型女性论坛峰会也在筹备中。

“循着你的爱好，打破限制，勇敢做自己。”创业 3 年，我们终于能够养活自己了，同时我们还在继续坚持着自己的初心。当你全力以赴时，你会发现好运也会随之而来，很多事情会水到渠成。虽然出发时我们没有做太多的准备，但在坚持中我们看到了收获，关于未来似乎也更为明朗和清晰。

一路走来，疾风骤雨也好，风和日丽也罢，我经历了，感受了，看到了，也仍然前行着。当我听到身边有女性朋友跟我说起她对于未来发展的困惑时，我总是告诉她：“关注我们的‘生活创客’，听听她们的故事和她们所做的事情，试着找到你喜欢的，也许那会是你未来的方向。”

“在一个女性的成长历程中，完美是虚幻的陷阱，勇敢远比优秀更重要。”这是我到中年才逐渐感悟到的。

“中年转场，你后悔吗？”

我的回答是：“没有。”

我想将美国女性大法官金斯伯格的话送给对未来仍犹豫彷徨的你：“不要让他们拖你的后腿，伸手去够星空。”

勇敢追随自己的内心，期待未来与你一起肆意追梦……

【主编的话】

每个阶段对勇敢都有不同的感悟，也许 40 多岁的你正感叹 30 多岁时所做的某个在当时看上去不太明智的决定，而 30 多岁的你正羡慕那个 20 多岁的无所畏惧的你。

我们人生有无数选择，无论是事业还是婚姻、生活还是工作，真正的勇敢就是一路向前，不要回头看。愿我们都能勇敢面对生活的真相，活得洒脱又解脱。

姓名：李婧
城市：广东茂名
身份：亲子导师、静心冥想培训师
个人愿景：助力 10000+ 女性找到内心的平静和力量。

李婧：心静下来，答案自见

看见了不起的自己：静能生慧

知止而后有定，定而后能静，静而后能安，安而后能虑，虑而后能得。

如今“卷”得厉害，大家都在奔跑，甚至拼命追赶，生怕落后于人。生活好像变成了一场无休无止的比赛，永不停歇，伴随而来的是巨大的压力：身心疲惫、无限焦虑和对未来不确定的恐惧。

两手抓，两手都要硬

过去我也是这样，作为职场妈妈时，一边工作一边还要抓孩子的学习，两边都不敢稍稍放松。

那时候我每天心里只有业绩，冲完开门红又开始一季度，接着想年中方案，气没来得及喘一口又到了年终冲刺。今天想着明天，明天焦虑下个月的业绩。这样的节奏持续了 7 年，好在团队业绩一直遥遥领先，各种奖项拿到手软，后来我被提拔为团队主管，带的团队连续 3 年业绩在全国数一数二，也算小有成果。

另一边，我对孩子的学习也抓得很紧，看到每年毕业生就业困难都会焦虑不已，学习不拔尖将来路在何方？所以孩子的周末只留半天写作业，其他时间都被奥数、外语、书法、足球等兴趣班填满，积极参加各种比赛。无论多忙，临睡前我都认真检查作业，甚至还会亲自批改。学校的事我总是比孩子更清楚，还积极参加学校家委会，在班级群里我也永远是最积极的那一位。

学习上的高压措施效果显著，孩子的成绩基本保持名列前茅，足球也踢得不错。面对老师的称赞、其他家长的羡慕，我为孩子成了“别人家的孩子”而沾沾自喜，甚至飘飘然地感觉到自己已经是人生赢家了。

发现孩子的“玻璃心”

如果不出点意外状况，我还会在这种“自我感觉良好”的路上继续狂奔。但孩子的一个举动犹如给我泼了一盆冷水，将我从幸福的泡沫中拽了出来。

有一次，当地举办市长杯足球赛，学校和家长们都很重视，老师、家长纷纷去现场为孩子加油打气，唯独我家孩子不让我们观赛。他平时在家，爸爸批评一句就哭鼻子，训练时教练说一句重话就不想再踢了。想到网上近年来报道的一些青春期孩子心理问题，我更加焦虑了。以前焦虑成绩，现在焦虑他们的心理素质。一种深深的挫败感向我袭来，我开始困惑、慌乱，还有深深的内耗……

走进课堂学习

孩子现在正处于青春期阶段，我心里清楚问题亟待解决，防患于未然要在上游植树造林，不能等到时候去下游抗洪抢险。

影响人生的改变的契机总在冥冥中出现。看到朋友圈只见过一面的朋友分享家庭教育，我好奇地点进去，想去父母课堂学习一些方法，帮助孩子既能成绩好又可以乐观开朗。第一次听课我就被震撼到了，老师说：“孩子的问题大都是父母的问题，父母是一切的根源。孩子的各种我们认为的不良行为都是父母之前种下的因。父母要尊重孩子，接纳孩子，引领孩子，无条件爱孩子。”我控制包办多，要求完美，期待高又经常指责、批评、抱怨，很少平等尊重孩子，更做不到接纳和无条件地爱。

随着学习的深入，我获得了不少育儿技巧和方法，也成为一名亲子导师。可慢慢地，我发现很多道理只是头脑知道，只是书本知识，没有成为自身行为的一部分。情绪上来后，我依然不按套路出牌，还是会看孩子不顺眼，总想批评指责，总想去掌控孩子，而且情绪出现得远远早于我思考的时间。明明知道要尊重、接纳，可发起火来根本管不住这张嘴。

“无论读了多少典籍或是记住了多少内容，它们不构成你生命的核心，那其实一点用都没有。”

冥想让我心静下来

不得不承认，有些人总会在恰当的时机出现，就像上天派她来帮我解决烦恼一样。当我把苦恼与闺密分享后，她告诉我说：“心没有静下来，一切技巧和方法都是纸上谈兵。你试试冥想吧！”

冥想？我内心不是特别接纳。碍于闺密的面子，我体验了一次，就是这一次体验改变了我的后半生。那感觉实在太美妙了，闭上眼睛，集中注意力，深呼吸，慢慢地放松身体。我是多久没有这样静静地感受自己的呼吸了？我把时间给了工作和孩子，唯独没有留给自己，每天火急火燎，匆匆忙忙，总感觉时间不够用，哪里有空坐下来关爱自己的心灵？

有了第一次的良好感觉，我继续体验第二次、第三次……后来直接开始系统学习。在老师和学友们的陪伴下，一天天坚持下来，我彻底爱上了冥想。冥想不仅能改善我的睡眠，使我身心轻松愉悦，还不断让我内观、觉察、自省，看到自己每一个起心动念。

外求皆苦，内求富足

心好比一个装满黄沙和水的瓶子，摇晃时水是混浊的，当把瓶子静置一段时间后，黄沙会沉入底部，上面的水会变得清澈起来。

冥想练习持续一年半后，我发现自己的心越来越平静了，同时看到自己以前内在一直有恐惧和不接纳自己。每一次情绪升起都让我内观自己，我的内在发生了什么？我不断地觉察，更清晰地了解自己，原来我焦虑业绩、焦虑孩子成绩都是因为我的内在有恐惧。

恐惧的核心是害怕失去，看不到自己已经拥有的。人在荒岛上一无所有的时候，会想办法发现还有什么，当什么都拥有了，就会去想还缺什么。

注意力方向的转变会产生意想不到的结果。当开始关注我所拥有的后，我发现自己是如此富足。真正的富足不是外在物质的堆积，而是内心的满足：父母健在，公婆视我如己出，爱人十五年如一日体贴入微，孩子聪明乖巧……这都让我充满了感恩！人在拼命奔跑的时候是无法留意身边风景的。

我在 40 岁生日纪念文中写道：感恩父母。当年一粒小小的种子，在妈妈的子宫里孕育长大成人，其间稍有差池都没有今天的我。我的生命本身就是奇迹。想到这里，我心里充满感恩，终于理解稻盛和夫先生说的话："活着，就要感恩。"感恩父母把我带到这个世间，让我可以领略世界的万紫千红，体验丰富多彩的人生。他们给予我生命已恩重如山，何况他们给予我的远远不止生命。

感恩生命中的贵人。我生命中的每个阶段都会出现贵人，老师、同学、领导、同事、朋友，虽不时时提起，却从没忘记。在我生命觉醒的旅途中，导师一个接一个地出现，不断刷新我的认知，不断引领我看见未知的世界和挖掘内在的资源，让我越来越清晰地认识到，我"本自具足"，人人皆是"金矿"。我们每个人自性中都有个了不起的自己，永远要相信自己，永远要无条件接纳自己。

身边的每一个人、每一件事，每一天的日出和晚霞、每一朵红花和每一片绿叶、每一株小草和每一颗石子，都值得我感恩。心里有什么我们的世界就有什么，越感恩越富足，越感恩越幸福。

当心静下来的时候，熟悉的道路变得宽广，路边的雏菊开得更加茂盛，连平时视而不见的水杯都那么神圣，身边的一切如此美好，世界如此美好。

常看他人的不好，是在打开地狱的门；感恩他人的好，便打开了天堂的窗。我的世界光亮了……

我心中自此每天都充满喜悦和无限的憧憬，慢慢也体会到了什么是无条件的快乐，即使没有发生什么高兴的事，能活着体验生活已经是上天巨大的恩赐。

我快乐了，全家都快乐。心情好了看什么都顺眼，对爱人多了包容，对孩子多了接纳，对一切发生多了顺其自然的坦然。我不是你眼中的我，也不是我眼中的我，而是我眼中的你。看身边的一切越来越美好，是因为我更接纳自己了。笑容多了，说话语气温和了，回家常常拥抱爱人和孩子，家庭氛围越来越好。孩子无论是学习还是生活，都越来越有松弛感。饭桌上，我夹青菜给孩子，知道他不喜欢吃，故意逗他。要是以前，他早就拉脸了，这次他慢悠悠地夹回给我，还说了句："妈妈，你养我小，我养你老。青菜好吃你多吃点。"说完我们都笑了……

向外看是焦虑、迷茫、无助，向内看有无限的力量和希望。

在公园静坐冥想时，我感受到大地承载万物，只给万物提供支持、滋养，而不去干涉它们的生长。树在阳光、雨露以及大地的养料支持、滋养下自由地生长，无论落叶还是垃圾，大地都全然地接纳和包容。由此，我想到教育也是如此，作为父母尽己所能给孩子提供支持，提供其成长所需的养料，其他则由孩子自由生长，不横加干涉，不把自己的意愿强加于孩子。只要给予孩子充分的信任、支持、接纳、包容以及无条件的爱，孩子定会生长得舒展、绽放。

静生慧

不知不觉中，冥想让很多道理潜移默化地深入我的心灵。我这台人体计算机好像换了程序重新编码了，过去很多限制性的思维模式和信念，慢慢都清除了，装入越来越多积极的信念。

从"应该，一定要"到"不这样也可以"。过去我始终认为孩子一定要考上“985”“211”重点大学，不然未来就没有出路。现在觉得考不上大学也是可以的，条条大路通罗马，只要热爱生活，什么样的生活方式都可以多姿多彩。

从抱怨到允许、接纳。我以前特别喜欢抱怨、推卸责任，认为一切都是别人不好，因为他／他们我才这样。孩子玩手机，我很生气，其实跟孩子没关系，是我自己内心有恐惧。我也特别害怕孩子有情绪，其实产生情绪时是解决问题的最好时机，一切对我都是最好的安排，一切的发生都有助于我。出现的问题让我们及时反省，认识到还有不足的地方待改进，这就变成我们成长的机会。

更爱自己。过去爱自己可能只是满足自己的物质欲望，吃好、喝好、穿好，但现在我会更关注精神的不内耗。以前我做错什么事，或者别人说了我一句，我会反复重演那句话、那个场面，觉得是我不好，真丢脸。现在呢，错了就错了，接纳自己犯错，然后去反省，想办法下次做得更好就可以了，这件事没做好不代表我这个人不好，我依然很好。

从“心随境转”到“境随心转”。以前我情绪波动大，孩子、工作但凡有一点点让我不顺心的，我立刻愁容显现，焦虑不安。现在，我慢慢地能心平气和了，无论发生什么心里都有个声音告诉我：“很正常，一切都是最好的安排，也许宇宙又给我送礼物来了，这件事情出现得刚刚好，想办法解决就好了。”我更淡定了。

我永远都不是一个人。任何时候，不论遇到什么困难，我清楚总会有人帮助我，他总会在适当的时候出现，暗中为我安排好一切，这一切也是对我最好的安排。我变得更加勇敢和坚定，一切顺其自然，听从内心的声音，做好当下每一件事，认真爱身边每一个人。

对于孩子，我确信他们有自己的人生和经历。当我活出自己的精彩，自然会成为孩子人生路上的明灯；我开花了，孩子周围也会芳香四溢；我活成一道光，孩子借着光定能走好他们的路。对于孩子的学习，我不那么焦虑了，因为我清楚一个人要是愿意学习，什么时候都不晚，我也是40岁才尝到学习的甜。特别当我加入《病由心灭》读书研习社后，接触的人越来越多，就会发现这个世界有无限可能，每个人都是“本自具足”。学习成绩好不是通往幸福唯一的路。于是我从心底尊重他们的选择，倾听他们的心声。他们不喜欢的兴趣班我不再报，让他们自己安排学习时间，自己制订旅游计划，自己的事情自己负责。就算事与愿违，我也能平静接纳。

冥想改变了我的信念系统，更赋予我 40 岁人生崭新的开始。记得写冥想结业论文时，我感觉自己不是在写论文，而是在登台谢幕，对着台下的另一个自己，感谢自己上一幕的演出结束，用心地向自己宣布我人生另一个阶段的开始。我的人生从此和以前不一样了。我确信我有能力创造未来，确信我的内在有个了不起的自己等我遇见，也笃定我的未来会非常美好，孩子的未来也会非常美好。

看见了不起的每一个人

当心逐渐静下来，我的内在也变得更有力量，愿意去付出、去助力别人成长。在《病由心灭》读书研习社，我开始管理社群，服务学员。一群来自五湖四海的伙伴，我们一起学习，一起成长。其中有年近七十的冠芳大姐，有身患重病用左手撑起一片天的小左，有三宝妈妈丁丁，有高中心理老师翁秀凤，有爱满则溢的艺艺，有无所不能的悠呦鱼，有好学上进的千金，有心灵手巧的九妮儿，有学习力特强的周梅，有细心的立荣，有具备责任心又喜欢鼓励别人的金水，有冰雪聪明的小雪，还有好多好多优秀的伙伴，当然也少不了研习社创建人“气质美如兰，才华馥比仙”的王茹老师。

这里的每一个人都通过向内探索，用自己的方式（冥想、瑜伽、读书、画画、跑步、听音乐……）让心安静下来。静下来后会发现大家都是那么了不起，潜能无限。

大家的成长故事给我很大的启发，让我坚信：天生我材必有用，我们每个人都是带着使命降临到人间的。向内探索，让心安静下来，你我都可以找到属于自己的精神家园，找到属于自己的才能，看见自性里那个了不起的自己。

写到最后，署名时突然发现我的名字里早已有了答案。婧，寓意女子有才能。只有“婧”下来，才能遇见自己的才能，才能看见了不起的自己。当然，看见了不起的自己，同时也能看见了不起的孩子，更能看见了不起的每一个人。

【主编的话】

回想我们过去经历的种种痛苦，我们都被恐惧、不自信、玻璃心、自卑等各种执念封印在潜意识里。在这个过程中，我们都处于“等”“靠”“要”“求”的被动状态，甚至还会把这样的执念传递给下一代。

而一旦觉醒，就会发现原来人生还可以这样，原来我们有能力获得精彩的人生，有能力活出真正的自己。

李婧的静能生慧或许能帮助那个做事着急忙慌、各种焦虑、各种内耗的你。

自在
富貴
樂
觀

生命覺醒
直面勇敢
靜能生慧
自性覺察
誠心誠信
家旺人旺
愛的陪伴
中和之道
滿心歡喜
日行一善
善書善緣
愛的迴響

富足在每时每刻。

Chapter2

富足篇

坐如钟，立如松，日富日贵。全然地感受、看到，感恩当下的富足。

把心里的恐惧、评判、担忧、匮乏……

轻轻地、全然地放下，允许自己感受美好、丰盛、喜悦、平和……

让富足自然而然地绽放金子般的光芒，安住当下，去发现，去感受，

你被富足全然地包围着，或者说，你就是无尽的宝藏本身。

姓名：臧永芝
城市：山东邹城
身份：全国劳动模范、全国三八红旗手、山东省巾帼返乡下乡创业联盟会长、绿鑫春生态农业董事长
个人愿景：带领大家走向共同富裕，让更多女性自立自强。

臧永芝：诚信走天下

看见了不起的自己：诚心诚信

诚是心的写照，信是行的准绳。国之信，重九鼎；人之信，诺千金。

开篇语：

1997 年，“京漂”的我和我爱人被人坑了 30 多万元。那时朝阳区房价才 3500 元 / 平方米，在老家风光最好的位置，一栋两层小别墅才 4.2 万元。人家都说你也跑吧，这 30 多万元还到下辈子去啊？我说……

我，是独一无二的

十一二岁的时候，我看到了一句话：“我是自然界最伟大的奇迹，我是独一无二的。”于是我跟同学讨论“为什么我就是独一无二的”，他居然无法理解我在想什么。我狠狠地掐了掐自己，发现疼的是我自己，原来我真的和他不一样！虽然没人理解，但我心里已经种下了“我和别人不一样”的种子。

如何证明“我和别人不一样”呢？我背课文要第一个背完，体育也要争第一。慢慢地，我活成了“别人家的孩子”。虽然我很努力，但初三那年收成不好，还有两个弟弟要读书，父母就劝我辍学了。

那时候，我已经坚信我是独一无二的：因为世界上没人和我有一模一样的感知，所以我一定有自己独一无二的价值——出人头地，做一番事业。这个念头引导我成了20世纪90年代初为数不多的“京漂”。

秤杆上的“福禄寿”，我不坑人

20世纪70年代，我出生在山东邹城石墙镇。

小时候，因为穷，姥姥总会把菜园自种的辣椒、萝卜拿到集市上去售卖，还总是将秤杆翘得高高的（多给人家）。她说：“秤杆上的每颗星星代表着福禄寿喜财，你少给人家一点点，你的福气就没了；再少一点点，你的‘禄’就没了，路就走不长，做不了大事。”于是，小小的我就被种下了“诚信才能做大事”的根。

结婚生子后，我跟我爱人在镇上开了一家服装店，小日子也算红火。因为爸爸是军人，所以我童年时曾在北京部队大院生活过。1993年再次到北京后，我萌生了“闯北京”的想法，于是我俩一起成了“京漂”。

最初我们做酒店食材配送，由于为人实在、价格低廉、服务周到，慢慢地开拓了四五家酒店的生意。正当生意蒸蒸日上时，大客户跑路了！那是1997年啊，山东邹城唐王湖边上的两层独栋小别墅才4.2万元。一夜间，我们这些年的辛苦白费了不说，还要背负近30万元欠债！

房东都替我们愁：“要不你们也跑吧，买张票跑得远远的。不然这30多万得还到啥时候哇！”最难的时候，我想到了姥姥“福禄寿”的教诲，想到了我的故乡也是孟子的故乡，想到跑了以后怎么教育孩子做人呢……最后我和老公决定，“别人坑我，我不坑人，我们不能给山东人丢人”，在哪里跌倒就在哪里爬起来。

风雨还债路

北京的夏天，经常早晨出门还是大太阳，中午或下午就下雨了。有一次淋雨让我刻骨铭心。

星期天幼儿园不上课，我就不得不带着女儿去送货，她坐前面还能防止后座的货太重失去平衡。那次我从太阳宫市场拿了货送去东三环农展馆，骑车30多里路，半路突然下大雨了。

送货讲究赶早不赶晚，我只能拼命猫着身子把孩子使劲往怀里拉，但是一点用都没有。雨水顺着裤脚往下流，看到孩子也被雨水淋透，冷得瑟瑟发抖，这么小就跟着自己受罪，我是又心疼又委屈，无声的泪水被冰冷的雨水一遍遍冲刷。我们到北京不就是为孩子奔个好前程吗？现在自己吃苦就算了，孩子还跟着遭罪，当时心里别提有多难受了！回来我就和孩子说："我们这辈子都不要干骗人的事，别人骗我们的钱跑了，我就得带着你吃这些苦，你一定要做个讲诚信的人。"

冬天板车过天桥

我们都喜欢冬天的雪，雪后的北京就像被裹在棉花糖里的城堡，梦幻而浪漫，雪后清新的空气好像还有一丝丝甜味，但还债的那几年我惧怕下雪。

在北京冬天送货，骑的是三轮大平板车，后面放七八个筐，每个筐里装七八十斤货，很沉。遇到下雪天路不好走，要想按时交货，就只能抄近道上过街天桥，但是靠我和我爱人是推不上去的。怎么办呢？我们就在桥下观察，看谁面善，就嘴巴甜一点求路人帮忙推。推上去就完了？没呢！因为雪天下坡更难，车闸是不管用的，老公靠身体蛮力控制车头，我就在后面拼命往回拽。每次过天桥后，我俩脑袋上都热气腾腾。那几年就这样挺过来了。

诚信者，人人助之

黑乎乎地来，黑乎乎地走

朋友同情我们，就帮我们去太阳宫市场弄了个鲜肉摊，还借给我们钱买了辆二手金杯车。

我们特别珍惜这个机会，没事就把摊位擦得干干净净的，来人了就热情招呼。每天凌晨一两点，我们就去新发地拿货，也帮邻摊位的往回带货，相互帮助。懂行的朋友就帮我们挑品质好又性价比高的货，我们很快也学会了挑货。

我们凌晨 5 点回到太阳宫市场，分割鲜肉，6 点开门营业。客户们冷天都穿羽绒服，我俩就穿一件衬衫加毛坎肩，还忙得大汗淋漓的。每天都是这样黑乎乎地来市场，送完最后一家货，又黑乎乎地回家。

我们总是多为客人着想，比如给酒店送菜就多给一点葱、姜、蒜和青菜；要是客人开车来，我们就把货整理好送他车上去，反正越勤快生意就越好。

有一次去学校送货，我们帮助打扫完食堂后，人家把学生们没吃完的零食和牛奶都装好让我们带走。要是遇到饭点，食堂还管饭，我们就不用饿着肚子往回赶了，还省了饭钱。

我们乐于帮助别人，别人也愿意帮助我们。

不是忙自家的，就是忙别人的

那时我们年轻不怕累，每天忙完自家的就忙别家的，反正不闲着。

邻居们想帮我们，有时候就委托我们送货，给点路费。如果路远我们就开车送，路近就骑车送，省一分是一分。

因为诚信又勤快，谁家做好吃的都愿意给我们送一份，我们就不用天天吃方便面了。

诚信为本

渐渐地，我们落下了“小山东”的好人缘和好名声，立足了根基。

有一次我们找人换钱，人家给我们换了两叠，说一叠是 1 万元，我当时也没细看。晚上回去一看，有一叠是 1.1 万元，多了整整 1000 元钱！把我急得大半夜跟老公开车给送回去了。送过去时人家自己还蒙呢，因为那钱是他不小心塞进去的，他自己都不知道这 1000 元钱去哪儿了。他非常感动，逢人就说我们半夜送钱的事。

一传十，十传百，我们讲诚信、立志还债的事儿渐渐传开后，一些部队、学校等单位的司务长采买时只找“小山东”，有些还是先给支票再送货，特别信任我们。

提前还清债务

我们预计 5 年还完债，实际上 3 年多就还清了。那几年，我们每晚睡觉没敢超过 4 小时的，饿了就有啥吃啥，连去外面吃碗几元钱的面都舍不得，都省下来还债了。

那时最开心的就是今天又攒了多少钱，每晚跟老公对账，一笔一笔地划掉债务，哎，又还了一家，特有成就感。

最后一笔是还赊的三黄鸡的款，老板是和平里浙江温岭的两口子，也知道我们被人坑了。我们去还款，他们又惊喜又尴尬，说：“我们还以为你们不还了，早就把借条撕了。你们现在还钱，我们没有办法给你们借条呢。”

我赶紧说：“你们的借条没有了，但我们都有的，欠谁的钱，我们心里都有数的。”

两口子非得请我们吃饭，还硬塞给我家孩子几百元压岁钱。孩子吓着了，哭着还给人家了。

那几年穷归穷，苦归苦，但是孩子在我们的耳濡目染下，知道不是自己的坚决不能要，这一点我还是很欣慰的。

直至今天，我所有的好运气都是“诚信”带来的。行走天下，“诚信”就是我的法宝。

“诚信待人”“乐于助人”这两条信念是我最相信并一直践行的。靠着这两条信念，我遇到了很多贵人，路也越走越宽。

后来，我们又干回了老本行，生意也越做越大。

建设家乡，我回来了

2012 年底，我们受邀参加了山东邹城市政府在北京开的招商会，当场签约决定回老家。对此，有些朋友和家人很不理解，但我自己很清楚为什么要回来。

大地如此神奇

小时候，姥姥的院里种着各种蔬菜，她想吃什么就拔什么。

姥姥说：“每一粒粮食都是神奇的物件，大地和土壤就是这么神奇，给点肥料，给点水，就能长出很多庄稼。我们一代又一代人都是靠庄稼养活的，所以不能浪费粮食。”

我们去北京时，姥姥说：“出去好好干，回来让乡亲们沾沾光。”

在北京还债最苦的时候，我常常想起姥姥的菜地——给点肥料，给点水，菜就比赛似的长。所以“人勤地不懒”，只要努力，债总有还完的一天，这样一想就浑身是劲。

故乡肥沃的土地不仅养育了我们的身，还滋养了我们的心。

剥玉米换运动服

读书时我跳高和跳竹竿特别好，老师推荐我去参加运动会，还跟我妈妈说要买运动服。

没钱买运动服，妈妈便熬夜在煤油灯下用螺丝刀剥玉米。她整整剥了三个晚上后，才用玉米换钱，买了运动服。我随后写了一篇作文《灯下》，这篇文章还入选了学校的优秀作文，上了黑板报。

然而，初三那年收成不好，我没钱交学费，不得不辍学了。后来我闯社会，也吃了很多没文化的苦，所以到现在我都在坚持学习。

我想，如果我回来做农业，农民收入增加了，像我这样没钱读书的遗憾就会少一些，会有更多农家孩子能靠知识改变命运吧。

给孩子们一个完整的家

回乡创业前，我每年回老家时，那些路和房子都没变过，甚至越来越萧条。除了过年，老家平时只看得到老人和孩子。年轻人都出去打工了，有的甚至几年都不回一次家。老的病，小的弱，都没人管，日子很凄惶。而且，小夫妻常常打着打着工，家就散了，小孩的日子就更难了。

这些艰难长大的留守儿童，没人关心他们在想什么，他们也不知道外面世界的精彩，身边也缺少能指导他们健康成长的人。书上说“少年强则国强”，孩子们以后是什么样子，我们的未来就是什么样子，这是个很严峻也很现实的问题。

因此我想，如果年轻人都能在家门口上班，不仅能照顾老人、陪伴孩子，还能增进夫妻感情，还给孩子应有的童年，让孩子在完整的家里健康长大，那多好啊！

于是，2013 年，我们在石墙镇创办了山东绿鑫春生态农业发展有限公司。我爱人主内，负责基础建设加运营；我主外，把握方向，制定战略。我们还在公司最显眼的位置立了一块长 8 米、宽 2 米，刻着“诚信赢天下”的花岗石，时刻提醒我和大家“诚以立身”。

以农为本，在诚信中“炼金”

流转土地是信任更是责任

我揣着“京漂”创业成功的经验和钱回来建设家乡，立志带大家一起致富，但一开始并不顺利。

土地是农民的命根子，大家觉得祖祖辈辈都没能靠土地致富，凭什么相信我可以呢？还有，土地被流转了，饭碗丢了怎么办？所以有十多户不肯流转土地。

于是，我在石墙镇领导的陪同下，白天走街串巷、挨家挨户做动员工作，夜里画图分析规划土地。我给年长的讲自己在北京还债的艰辛，说到动情处，人家哭我也哭。我就是想让大家相信，我挣了钱是回来带大家共同富裕的，不是骗人的。后面问题就逐一解决了——从最初的200亩到后来流转了5000多亩土地，这是珍贵的信任，也是沉甸甸的责任。

农业对于我来说又是新的开始，所以我一方面认真思考怎么做，一方面积极学习农业类的技术和相关政策，坚决跟党走，跟大方向走。

从靠天吃饭到智能化管理

2014年，我们投资4000万元建设了科技农业示范基地，占地460亩，采用现代化高科技农业技术，建设了智能温室6栋、温室大棚30余栋，20多种绿色果蔬通过了国家绿色食品认证。我们采用“公司＋基地＋农户”的合作模式，最大程度地吸纳农户，利用创新模式让更多的农户有机会实现共创共享、发家致富；采用智慧农业物联网系统，利用现代技术进一步实现智能化的管理。

从初建到一期建设完善，绿鑫春生态农业先后带动地方就业500余人。青壮年在家门口就业，老人有人照顾了，孩子有人管了，大家的参与感、获得感、幸福感也越来越高。夫妻在一起就业，家庭也和睦了。

雪灾来临，祸不单行

正当我们摩拳擦掌要大干一场时，2015年底的极寒天气来了。当时温度急速下降，大雪甚至压塌了部分加油站。道路结冰，菜棚塌了，蔬果全部滞销，遭遇股东撤资与外投资金难收的双重困境后，资金链断了，员工陆续辞职……

真是祸不单行啊，一个个打击让我崩溃到时常彻夜失声痛哭。

如果说还债是我的第一个坎，那么2015年就是我的第二个坎，甚至比第一个更伤筋动骨。

现在想想，创业就是这样，人生也是这样，一帆风顺不是常态，坑坑洼洼才是常态。不好的事我就认为它是阶段性的，过去了就过去了。发生什么不是我们能控制的，怎么面对它才是我们能决定的。

诚信帮我“炼金”

我相信，初心不改，方得始终。最困难的时候，诚信又开始帮我“炼金”。

为了挽救企业，我再次迈进了高等学府，系统学习管理知识。在北大私董会上，我路演了绿鑫春项目，详细陈述了发展前景及困难。最后，我的决心和真诚打动了同学们，还没到家便收到了三笔大额资金。

我说：“我给你打个借条。”同学说：“不用了。对于诚信的人，不需要；对于不诚信的人，打了也没用。”当时，我的眼泪“唰”地就落了下来。现在，我和这几位同学像家人一样亲。

没有人能随随便便成功，我这一路走来，遇到很多贵人，就是“诚信”给我带来的福报。

帮更多人看见了不起的自己

从家庭妇女到主管

因为我是女性，所以我非常关注女性就业。习近平总书记希望我们“做敢于追梦的奋斗者”，现在我们企业里80%都是女同志，很多女性从“绕着锅台转”走向了台前，甚至走上了领导岗位。

有一位主管以前是全职妈妈，老公在外面打工，一年回一次，她在家带孩子，经济拮据不说，有时候公婆不理解，还会发生矛盾，日子不好过。

我们公司从标准化到规模化再到人性化，计件算工资，除了组织学习专业知识外，还经常宣讲中央精神和国家政策。她觉得很新鲜，应聘了基层岗位。现在她是主管了，月薪1万～2万元，比老公挣得还多。她每月给婆婆2000元，婆婆把家里收拾得干干净净的，她到家就有热饭菜，孩子接送也不操心，她可以一心拼事业，家庭地位也高了。此外，她还掌握了财政大权，跟老公商量好每月留多少开销，剩下的攒给孩子读大学和留学用。

一个农村妇女给孩子做留学的储蓄规划，这在我们公司不是个例哦。

鼓励“孔雀”回巢

以前我们说“孔雀东南飞”，农村考出大学生不容易，出去了一般都要留在大城市。万一毕业后回家了，人家还觉得你“没出息”。其实就算大学生愿意回来，回来又能干什么呢?

现在，我们出台了一系列政策支持大学生返乡创业，这将是一个“双向奔赴”的趋势。

有一对大学生小两口找我们合作农产品深加工，一开始他们只有10%的技术配股。因为他们务实能干，企业发展势头好，今年拿到了40%的配股。我还打趣说，再过几年，他们占股60%都有可能，回乡在家门口创业，自我价值也实现了。

小两口一个在城里管电商运营，一个在乡镇管生产和进出货，一个是山东省乡村好青年、市政协委员，一个是市级人大代表、济宁市巾帼建功标兵，真的是比翼齐飞。他们企业也成立了妇女微家和企业工会，逢人便说感恩我们的支持和鼓励，只要肯努力，在家门口也能实现人生梦想和理想。

资助贫困的“小凤凰”

回来后，不管公司发展得怎样，我一直都在资助孩子们读书。

有个小姑娘本来家境不错，结果父母出了车祸，父亲当场没了，母亲虽然抢救过来了，但身上装了十几处钢板钢钉。小姑娘努力考上大学后却没钱上学，后来在乡镇领导的帮助下，找到了我。

我带着我们女企协几个小姐妹去她家了解情况，才知道考学期间小姑娘吃的是装在洗干净的化肥袋子里的那种简易加工的面条。因为备战高考，妈妈每天给她加 2 个鸡蛋，她妹妹碗里是没有鸡蛋的，生活很是拮据。

我看到小姑娘那渴望学习的眼神，就发动协会姐妹们给她凑足了学费。我还自己拿钱给了她全年的生活费和部分学杂费。我对她说："资助你，是希望你以后能做个对社会有用的人。"她自己也懂事，每天生活费不超过 10 元，节假日和寒暑假还要做兼职帮她妈妈贴补家用。大学第一年，她就拿到两个奖项，到目前为止，已经拿了七八个奖项和国家奖学金了。姑娘心态好，能吃苦且非常感恩，她的终极目标是考博。

她逢人就说，以后我要像臧妈妈还有其他女企业家一样，尽自己所能帮助更多的人。她这样说也这样做，每年都会获得"最美志愿者"荣誉。她妹妹在她的影响下，今年也荣获学习标兵称号。每年冬天，她们娘儿仨的羽绒服我们都会安排到位。姑娘说："带着关爱的棉衣穿在身上最暖和。"

我相信，她一定会成为社会的栋梁，未来孩子的成功里，也一定有我的力量所在。

现在，我们搭建各种平台，努力帮大家看见了不起的自己，为社会做出自己的贡献。只要努力，只要用爱灌溉，祖国的土地上处处都是舞台。

耕耘好热土，诚迎天下客

现在，我们在邹城有 5000 多亩农田，菏泽也有 2800 多亩，越来越多的乡亲们加入了我们的大家庭。一晃 10 年，现在的绿鑫春生态庄园是远近闻名的集农家院餐饮、住宿、乡村旅游、生态观光、果蔬采摘、花卉种植、休闲娱乐等为一体的 AAA 级乡村旅游休闲观光景区。欢迎更多朋友来我们这里参观、指导、做客，也欢迎大家加入孟子故里的这片热土，一起来建设。

虽然创业路上坑坑洼洼，但我们用坚持和努力获得了社会各界的认可：

2019年，我荣获“全国巾帼建功标兵”称号；2020年，我被评为“全国劳动模范”；2021年，我被授予“全国三八红旗手”荣誉称号；2022年，我被评为“山东省政协宣传工作表现突出个人”；2023年，我被国家文化和旅游部评为“乡村文化和旅游带头人”……

我们一边创业，一边回馈社会。

1. 积极投身公益事业。我们先后帮扶贫困家庭2000余户，出资为当地乡亲修路、铺设自来水管道，累计捐资400余万元。现在雨雪天或者天晚了，我和员工们回城时看到路边有人等车，就会免费捎带送回家去。我们被那么多人帮过，现在自己好起来了，也要帮助更多的人。

2. 坚持与农户心连心。2020年初春，新冠肺炎疫情来势汹汹。我们通过策划农产品销售方案，发起“爱心助农公益活动”等，仅两个小时就收到了1600斤的线上草莓订单，快速有效地解决了我们自己和附近其他乡镇的农产品滞销问题。

3. 善待员工。在特别困难的那三年里，公司不裁一人，不降薪一分，新招了四五十名员工，部分优秀员工还涨薪了。

4. 紧跟国家发展形势。公司会向大家宣讲各种政策，培养大家的家国情怀。现在大家都不用我来定目标了，自己就特别主动地定更大的目标，想方设法地去完成。

5. 关心未来和教育。我们共资助贫困学生350多人，拍摄动漫《少年孟子》，拍摄公益微电影《回暖》，鼓励返乡创业等。

这一路走来很不容易，但在公司最难的时候，我们的农产品深加工从4000万元做到了目前的1.2亿元，旅游板块从3个增加到10个。我们没有因为经济低迷而保守发展，各方面都在稳中求进，平稳发展，这些都是大家齐心协力干出来的。

当初回乡的时候，很多人都劝我说农业不挣钱，我也真真切切体会到创业前几年是真烧钱！以前挣的投进去了不说，现在还到处借钱。可再一想，反正我离开家乡去北京的时候就是两手空空的，回来带着大家共同致富，总要经历一些困难和挫折。我坚信每一段人生经历都会是我的财富积累！

时至今日，我有空还会去北京有过街天桥的地方转一转、看一看，常常想起以前帮我推过车的人们。现在更多人因为我日子越来越好过了，这就是我对大家帮助的报答。

人生百味，各自体会。所谓成功，就是在平凡中做出不平凡的坚持；所谓坚持，就是一次次迎难而上。无论遇到什么问题，都不要轻言放弃。

一样米养百样人，人生在世，什么样的人都会遇到，但希望大家都不坑人。人家坑我，我不坑回去，这样社会才能良性发展，我们也才能享有和谐社会。

【主编的话】

臧总格局很大，用她自己的话说，“都是委屈撑大的”。后来她创业成功了，也不是只想着自己吃香喝辣，而是掏空家底甚至借债回来帮大家一起致富。老家的乡亲们在臧总的带领下，都不用再背井离乡，既能过上勤劳致富的生活，也能常伴家人左右。

臧总因诚信行天下，让命运的齿轮由此运转，正如《易经》中讲的，“自天佑之，吉无不利”，“生生不息”。

但愿我们都能像臧总一样，言必诚信，行必忠正。

姓名：Sherry
城市：福建厦门
身份：瑜伽私人教练、瑜伽主播
个人愿景：一起实现“有形有艺有财”，做 100% 开心、自信、爱自己的“玩美人”。

Sherry：练习，自信和富足随之而来

看见了不起的自己：练习富足

100 次练习是动作，1000 次练习是技术，10000 次练习是本能。
练习富足，一切随之而来。

我很喜欢阅读，家里藏书过万，在路上看到书店，一扎进去就不愿意离开。如今，我的文字也要变成铅字啦。这篇文章就是我练习瑜伽 18 年来的智慧和教学精髓，读懂后你一定能少走不少弯路，成为更好的自己。

在最低谷时遇见瑜伽

如今，我在各平台已有几百万粉丝，每天跟“伽人”们一起练习瑜伽。经常有人问我：是不是因为你家境优渥，所以很早就把瑜伽当成爱好，现在又当事业经营呢？

其实我是个农村姑娘，14 岁那年还出了车祸，在医院住了两个月，经历几次大手术后才捡回条小命。从那以后我很怕死，而且很厌恶车祸留下的丑丑的伤疤，非常自卑，最胖时有 130 多斤。

我也曾寄希望于靠高考改变命运，但不幸落榜了。好强的我备受打击，不吃不喝三天都不愿出门，觉得未来一片灰暗。

为了生存，我去手机店和饰品店上过班，每天站十几个小时，下班后脚痛得只想倒头就睡。后来我又去公司做文员，庸庸碌碌地跑腿几年后，我特别空虚也特别迷茫，总是问自己："我的人生就这样了吗？"找不到答案的我像行尸走肉一般，就算走在人群里都感觉异常孤单，在马路上抱着闺密号啕大哭。

后来，我继续学英语，做过大公司翻译，也去过不少地方。当我以为"这辈子就这样了"的时候，我接触到了瑜伽。

感谢瑜伽，帮我重启人生

因为常被母亲拿来和他人比较，所以我总是不自觉地反复与人家比较。这种敏感、自卑的性格，让第一次失恋的我很久都走不出"被抛弃了"的噩梦，非常磨人。如今，我练习瑜伽 18 年了，每天都越活越年轻，跟以前相比像是脱胎换骨了一般，由内而外真正爱上了自己。

当年我为了纠正自己的驼背，在比较了很多种运动后，被瑜伽独一无二的身、心、灵的连接训练法深深吸引了。而且它的体系是比较完整、安全有效的，如艾扬格的骨骼正位、提升柔韧性的静态阴瑜伽、练心肺功能和肌肉的动态流瑜伽、独特的平衡倒立扭转系列等，都奠定了它无可取代的地位，于是我想"就它了"。

十几年来，我接触过各种瑜伽流派和名师，然而对我影响最深的是根据同名小说改编的电影《美食、祈祷和恋爱》（*Eat,Pray,Love*）。影片中提到了"微笑冥想法"，还有一段经典台词："静默打坐，还要微笑，并不容易，脸微笑，心微笑，甚至让你的肝脏微笑……"于是我学着去做，发现运气越来越好了。

以前兼职上瑜伽大课时，几十位学员各有秉性：骄傲的、悲伤的、自卑的、不理人的……我必须使自己的情绪和动作不受影响，而且要真正引领她们，一开始这很难。

接触到“微笑冥想法”后，我自己将它改版升级并每天练习。渐渐地，我的笑容变得自然了，越来越多人因为我的笑容而喜欢上了我，我的控场能力也开始直线上升。

有句话说得很好：“100 次练习是动作，1000 次练习是技术，10000 次练习是本能。”练习多了，现在就算泰山崩于前，我也能迅速调整好状态，微笑面对。

从翻译转行做瑜伽老师后，我开始在健身房兼职，后来创办了“雪利瑜伽馆”。在马尔代夫，我偶遇了经纪公司股东，被她看中后合作开微博。短短两年的时间，我的微博粉丝从几百涨到了 100 多万。通过微博，“今日头条”和我签约了一年原创瑜伽健身问答，各种各样的品牌和平台也陆续开始联系我……

2018 年 10 月 10 日，我正式和国内某瑜伽微信公众号合作，用 6 个月时间上线了 18 年来积累的 12 集瑜伽精华视频课，陆续在各大媒体平台发布，引起了非常好的反响。我自己也经常跟着这 12 集练，我发现当我全然专注地做好自己、认可自己时，一切的资源都会向我涌来。

2019 年底，突如其来的新冠肺炎疫情打乱了我正常的工作与生活。那段时间对我来说很难熬，我不知道我的瑜伽馆该何去何从。这时，我下决心接受直播平台的邀约，开始尝试直播。

刚开始是娱乐直播，什么都要从头学起。那段时间，我每天要面对各种各样的观众和评论，也迷茫过，也想过要放弃。焦虑和无助促使我主动去听情商课，每周学习声乐和舞蹈，我还安慰自己：“无论何种境地，我都坚持每日练 1 ～ 3 小时瑜伽，这就是我的底气。”由此，我逐渐建立了更强大、完整的自己，而且喜欢上了自己的声音，连舞蹈也变成了我无法割舍的一部分。

通过直播我发现，当我想照顾到每一个人时，往往会失去真正支持我的人，所以把铁粉深度照顾好就是成功！因此，我顺势关了 8 年的瑜伽馆，专注做线上，而且只专注于铁粉们，做好精细化服务。越是复杂的环境和人、事、物，越能磨砺我们，帮助我们从喧嚣浮华里看清自己的内心，并珍惜那些喜欢、认可、欣赏我们的人。

2022 年，我们的办公室搬到了 21 楼，全屋落地窗，阳光从四面八方倾洒下来，视野非常开阔。同年，我拍摄了某寝具品牌的广告，和国内某瑜伽大平台展开了长期合作。2023 年 3 月 28 日，我成功完成第一场直播，4 个月累积了一大批铁粉……

现在，我依然坚持每日直播瑜伽教学，建了社群，每天与铁粉们紧密互动。这是一份帮助自己和“伽人”们更加健康、美丽、自信的事业，所以我每天成就感满满，乐在其中。

感谢瑜伽，帮我重启了以前想都不敢想的人生！

练出自信和富足

每个人的出身不同，学历不同，性格迥异，生活环境和年龄等也不同，但拥有健康的身体却是大家共同的愿望。那什么样的人才能拥有健康、美丽、自信的人生呢？

我的答案是：所有人，只要你想并付诸行动。

也许你会羡慕明星们的“逆生长”，但要知道他们也是后天练出来的好身材。正如世界瑜伽大师乔伊斯说的：“练习，一切随之而来。”

首先，你可以从练出自信开始。

一、保持健康美。人在生病时会失去力量，事情也会变得很糟，所以健康很重要。

二、练习微笑，做人生赢家。科学研究证实，爱笑的人更自信，也更容易成功，还更能拥有健康的身心。

三、累积自信。有意识地注意你看到的、你听到的、你说的，少抱怨、少评判、少比较、少自责，慢慢减少负面情绪和事情带来的不好影响。

四、专注热爱的事业。真正的专注是抵抗外界干扰的“防弹衣”，因为再喜欢的工作也会有讨厌的时候。你可以练习把“讨厌部分”转化成喜欢的能力，为自己创造越来越喜欢的感觉、状态和能量场。

其次，你还可以练出富足。

中国有句老话，说谁有钱，就说“屁股底下坐了几顷地”，因为以前有钱的象征就是有地。瑜伽中也讲“美臀聚财”，有异曲同工之妙。

我很喜欢一句话：“强大的内心来自一颗简单的心。”当你认识到最贵的房子是我们的身体，身体健康才是真正的财富后，也许你会有所触动，在急匆匆的奔跑中放慢脚步，听听内心的声音。

《轻而易举的富足》这套书是我每天必读的，我最喜欢的一句话是：“真正的富足和你有多少钱无关，和你对自己的感觉有关。”一个家财万贯的人如果心不安、神不宁，也不算富足。

北宋著名文学家、书法家黄庭坚说：“一日不读书，尘生其中；两日不读书，言语乏味；三日不读书，面目可憎。”同样，我们的身体也是很有记忆、很有智慧的，一天不练习瑜伽，一周不练习，一个月不练习，内行人一看便知。

每天练习瑜伽就像给最贵的房子——“身体”存钱，日积月累之下，身体的健康指数、觉知力等必定稳步提高。当你需要“支取”的时候，需要拼搏的时候，健康的身体就是你最可靠、最忠诚的后盾。

知名瑜伽大师、阿斯汤加瑜伽的创始人帕塔比·乔伊斯有一句名言：“阿斯汤加瑜伽是 99% 的练习，1% 的理论。”另一位瑜伽大师艾扬格说：“有觉知地、长期不间断地习练体式，将带给你成功。”

练瑜伽：有形有艺有财

无论你是爱美的、想瘦身的、想调整体态的，还是想改善睡眠的、想提升气质的、想改善亚健康的……我都建议你试试练瑜伽。快节奏的现代生活方式和压力使我们不得不一直奔跑，而瑜伽可以让我们重塑健康好体质，拥抱内在的自己，轻松地享受丰盈的人生。

《看见了不起的自己》这本书的一位作者评价我说：“你虽然成长经历很跌宕，但被不同的平台发现后，你才知道原来自己有很多种可能性。你遇到挫折后能安然处之，成为百万粉丝的瑜伽老师后，带来的机会也能牢牢抓住，有敢于选择与被选择的勇气。你多年来培养了自己应万变的能力，与你爱学习、持续和社会互动息息相关，并由此形成了良性循环。”

我非常喜欢这个评价，因为我的梦想就是和“伽人”们一起实现“有形有艺有财”，做100%开心、自信、爱自己的“玩美人”！为了达成目标，我再忙也要每天留出两三小时独处，坚持习练+自我确认+音乐冥想，因为这是我的地基。

我理解的“有形有艺有财”是怎样的呢？

有形：不是骨瘦如柴，而是健康的美，该有肉的地方要有肉，该瘦的地方才瘦。

有艺：爱学习，持续提升自己，越来越热爱多姿多彩的生活。

有财：金钱只是一部分，我们对身、心、灵的感觉有多好、是否健康才是最重要的。建议女性学点理财知识，提升理财能力，否则赚再多的钱也“守不住”哦。

瑜伽是我实现这一梦想的法宝，没有它就没有我现在的美好富足，也不可能几年不生病，更不可能常常被人夸“比同龄人看起来小十几岁”……练瑜伽培养的柔韧性让我可以更快地学会跳舞，呼吸法（圣光调息）让我更能理解声乐老师说的“腰腹发力出声”，冥想帮助我深度入眠并在工作和人际关系中保持情绪稳定……当私教时，它甚至帮我获得了很多宝贵的资源。

成为瑜伽高手

练习瑜伽18年，我跟大家分享一些成为瑜伽高手的心得。

1. 爱是一切的答案。我爱美，所以练瑜伽；爱阅读，所以写书；爱爸妈，所以希望赚钱给他们更好的生活。

2. 建立你的“地基”。定期留出时间给自己，感受自己。

3. 了解自己的身、心、灵，找到适合自己的方法。

4. 整体训练。建议先整体训练再考虑局部，最好多多尝试其他运动方式以及各种心灵成长方法。我经常把音乐融入冥想，或者把“零极限”融入儿童式。现在每场直播开始和结束时，我还融入个人特色的“自我确认”。

5. 享受生活，而不是背离生活。极端地素食、长期穿白色长袍、负债去参加各种学习、影响家人正常生活的修行等，都不算是健康的方式。我喜欢随时随地进行呼吸法、自我确认和靠墙山式站立。

6.《黄帝内经》中说：“下士养身，中士养气，上士养心。”这个理念对我影响至深，早上起来后，我常常先练习 15 分钟精简版的“自我确认”。

7. 爱自己又拥有让别人放松的能力。听起来很难，但练习瑜伽可以做到。

8. 微笑。很多人被我的“治愈系笑容”吸引，其实我也是练出来的——“微笑冥想法”。

9. 做好自己，祝福他人，甚至祝福竞争对手。这一点只有内心强大的人才能做到，但强大的自信其实也可以练出来。“不是因为看到才相信，而是因为相信才看到”，无论遇到何种困境都相信自己可以克服时，你的人生便会无所畏惧。

10. 对自己保持耐心、理解和温柔，跟着我的 30 天计划每日一练。欢迎来到我的直播间，和我一起随时保持最直接的交流沟通，挑战自我，迎接每一个可能。

不管你是谁，花时间了解自己是十分有必要的。当你由内而外地深爱着自己的身体时，你会发现一切都变得越来越好了。

最后跟大家分享几个瑜伽招式。

1. 心想事成基本功瑜伽法。每天留一点时间给自己静坐，先专注呼吸 3 分钟后，双手合十祈祷手印，闭眼保持微笑，进入“自我确认”状态，持续在自己的内心默念“我相信，我 100% 信任自己”，直到你的脑中只有这句话，它才真正成为你的信念。“自我确认”和想象力其实都是意念训练，和静坐瑜伽动作或呼吸结合，这是修炼内功的极佳方法。选择至善坐姿，保持微笑，髋与膝盖同高，脊背挺直，脚跟前后靠近大腿根且对着身体中轴，头顶也可以放块砖，找脊椎向上延伸至天空的感觉，莲花手印，闭眼调息，静下来即可进入“自我确认”。

2. 微笑冥想法。每天一笑，好运滚滚来。跟着我练起来：“静默打坐，还要微笑，并不容易，脸微笑，心微笑，甚至让你的肝脏微笑……”至善坐姿，莲花手印，闭眼调息。观想让你开心的人、事、物，将嘴角向耳垂两侧上扬，呈微笑的表情，几个呼吸后再还原嘴角放松，重复几次，练5分钟。

3. 训练之王——深蹲。一次标准的深蹲，可以训练全身200余块主要肌肉，比如臀、腿、下背等的肌肉。臀腿一家，腿要好看就要先练臀，“幻椅式深蹲”能练出完美腿型。

我学习瑜伽18年，教学15年，坚持践行“知行合一”，深深懂得练习是最基本的。说得再好听，没有行动便等于0。所以让我们知行合一，一起练瑜伽吧！

【主编的话】

人生会不断重复直到你学会为止。而这个过程我们都会经历三个阶段：学习、练习、实习。

学习是为了让我们知道，练习是为了让我们熟练，实习是为了让我们运用。

正如Sherry所说，美丽、自信、富足都是可以练出来的。让我们一起练起来，一起用起来吧！

姓名：吴丹
城市：福建福州
身份：“福州市最美家庭”成员、福州市最美志愿者
个人愿景：成为家族的骄傲，帮助亿万女性拥有幸福美满的家庭。

吴丹：做兴旺家族的女人

看见了不起的自己：家旺人旺

家兴人兴事业兴，福旺财旺运气旺。

从近 20 年的美业工作经历和 15 年的婚姻生活中，我感悟到最大的成功就是有个幸福美满的家。

美业告诉我，塑造外在形体美可以助力我们事业长虹，但外形美终有保鲜期；家庭告诉我，修炼内在美可以持久地旺家旺后代，福泽延绵——“幸福”从来不是锦衣玉食，而是家人安康、团结一心，“白天有说有笑，夜里睡个好觉”。

2022 年，我们家被评为“福州市最美家庭”。获得这份殊荣之后，我更加坚定了一个信念：俗话说“好女旺三代”，而我，立志要帮助亿万女性经营幸福美满的家庭。

勇闯社会，与初恋终成眷属

我出生在四川，有个弟弟，因为父亲重男轻女，我从小就想外出闯荡。

小时候我背弟弟时不小心摔了他，爸爸拿着粗木棍就要打我，奶奶拦住说：“要打就打我，女儿也是人！”那一次我没有挨打，谢谢奶奶保护了我的尊严，让我感受到了满满的爱。

长大后，我拒绝了亲友们介绍的各种机会，决意到沿海的大城市闯荡，我要证明我自己。

敢追敢爱，初恋定终生

不到 20 岁的我来到福州找工作，憋着一口气要干出点成绩。不承想，工作还没起色，先遇到了一个“好男人”。

在一场亲友的聚餐中，我对先生一见钟情。那时他还是在校大学生，阳光帅气，有许多视他为“男神”的女孩围着转。我俩不论是学历还是出身都相差悬殊。可我是川妹子呀，天不怕地不怕。当知道他生病后，我果断买票去看他、照顾他，于是我俩成了彼此的初恋，开始了 7 年的恋爱长跑。

父母不同意我远嫁到福建的山沟沟里，但我认为我想要的生活一定要通过自己的努力去实现，于是我还是嫁给了先生。

嫁到有爱的家庭

我们刚结婚的时候，婆婆每次做饭前都会问我：“丹丹，要放点辣椒吗？”我总是拘谨地回答：“放吗？那还是少放一点吧。”结果菜是辣的，原本不吃辣的公婆一家，也逐渐变得都能吃辣了。

在我和先生发生矛盾时，公婆总是宽慰和支持我。有人说我脾气大，公公笑着说：“脾气大的人，有出息。”有了公婆无微不至的关心和照顾，我没有了后顾之忧，一心扑在事业上。

有了孩子后，爷爷奶奶把她带得好好的；我在老公的支持下远赴广州，进修美业相关知识与技能，打开了事业发展的新天地，家里的经济条件也越来越好了。

顾此失彼，后院起火

我和先生算是“有情人终成眷属”，可一旦成为家人后，“男神”光环在柴米油盐和鸡毛蒜皮的打磨下消失了，激情和爱也被琐碎的日常消磨掉了。

先生自幼备受宠爱，所以基本不会做家务，这在婚前不算什么，但婚后我们经常会因此而发生冲突。

我虽然没有洁癖，但喜欢家里干净整洁，而他几乎每天都把袜子扔到房间，攒到周末再洗。他很大男子主义，下班早也从不买菜做饭，觉得这是女人的活。我为此常常感到很委屈、很苦恼，不过对父母从来都是报喜不报忧。

我急于改变他又不得其法时，就变得很强势，对先生各种嫌弃、抱怨、指责，负面情绪越来越重……然而他并没有因此转变，反而我们的关系越闹越僵。

一想到在事业上我天南海北到处跑，广受客户认可和好评，领导也高度重视并有意培养我，前景不可限量……偏偏在小小的家里闹得鸡飞狗跳，我连夫妻关系都搞不定，内心有深深的挫败感。

回归家庭直面问题，修炼内在美

当我还陷在自以为是家庭的大功臣，靠打拼事业撑起了家，所以先生理应照顾好小家，多分担家务的执念中时，夫妻关系越来越糟，连事业蒸蒸日上也难以让我开心。

那时，领导的一番话点醒了我：“如果你连老公都搞不定，就没法真正服务好 VIP。老公就是你最大的 VIP。”

这句话说到了我的心坎上，我下定决心改变自己。我开始走进课堂学习成长，沉淀自己。我很清楚，在这个世界上，只有自己才是自己的救世主，幸福不是找个好老公，生个优秀的孩子，而是经由自己的学习成长，让自己变得越来越好。

“只有自己好了，一切才会越来越好。”抱着这个想法，我拼命地上各种课程——总裁班、营销管理、家庭教育、NLP（自然语言处理）、情绪管理、心理学、非暴力沟通、时间管理、教练技术、传统文化、梦想演说……

功夫不负有心人，在经历了差不多两年的磨合后，我们小家的气氛越来越融洽了。

彼此看见，关系和解

世界上最远的距离，莫过于从“知道”到“做到”。在一开始学习如何处理夫妻关系的时候，我总认为我都是对的，先生都是错的。后来经过不断学习和反复实践，我的觉察力才慢慢提升，学会了表达情绪，而非情绪化地表达。

在一个合适的机会下，我趁先生心情不错的时候和他沟通，深情地表达了对他的感激与爱，感恩他的包容、信任与支持，感谢他对这个家的付出。在听到我的一番表白后，老公激动地回应：“老婆，你也辛苦了。”我们四目相对，就像重回了热恋期的高光时刻，打开了那扇被堵住的门，迎接彼此，走进内心。

然而，冰冻三尺非一日之寒，一个好习惯的养成谈何容易。一次，两次，三次……经过我无数次唐僧式的念经后，这冰雪终于慢慢融化了。现在的他，不仅没有了以前不讲卫生的习性，而且学会了做饭、洗衣服，就连叠衣服、熨衣服都全包了。

在这期间，我慢慢地放下自己，臣服当下，同时也学着换个视角，去看见对方的爱与付出。渐渐地，我从以前的凡事看不惯就自己动手做，当“无所不能”却又心怀怨气的强势女人，变成了在家里凡事都懂得示弱，请求先生帮忙的“小女人”。

“好女人旺三代”，也正是我在这段时光里接触并认可的一个观念。随着认知的不断更新，我的很多想法、做法也随之改变了，先生第一个感受到了这种变化带给他的震撼与惊讶。优秀的他很快在我的影响下也投入到学习中，我们一起成长，夫妻同修，共同体验思维提升后的幸福与快乐。

旺家，从孝顺做起

在我看来，一个家庭要兴旺，就好比一棵树要长得茂盛，唯有根深，才能叶茂；唯有根深，才能吸收更多养分，长得高壮才能反哺大地。孝顺，就是归根、连根、养根。我们的生活，有了孝，才会顺。

小孝，孝其身，让父母衣食无忧。逢年过节，我和先生都会达成默契，给双方父母送一模一样的礼物，不厚此薄彼。我还会给父母写信、买花，时不时给他们惊喜，让他们不愁吃穿用度，生活很有仪式感。

中孝，孝其心，让父母有陪伴慰藉。因为我的父母也住在福州，所以我基本上每月都会回娘家看他们。当我母亲得知外婆生病时，她千里迢迢赶回四川去陪伴照顾，母亲的孝顺也给我树立了榜样。

大孝，孝其智，让父母以我们为傲。母亲的善良、父亲的正直，让我和弟弟从小就形成了良好的生活态度；而公婆的宽容、不计较，也让我在婚后获得了双倍的爱与支持。他们滋养了我，我也得以变得强大，不仅事业顺遂，而且家庭幸福，在外收获了荣誉与掌声，在家成了他们的骄傲。

回想起当年我和爸爸之间的和解，是在一次车站离别时，他默默地看着我，什么话也没说，我便突然感悟到了“父爱无言”这句话的含义。那一刻，我感受到了：父亲其实是爱我的，只是他用了不同的方式而已。

百善孝为先，人世间最难报的就是父母之恩。

对于父母、长辈，我们总是难免产生疑惑和误解。但当我们开始理解他们的难处和局限时，其实也就滋养了我们的悲悯之心；当我们看到父母的优点和长处时，就会生出感恩之心，随之生出敬畏之心。心存敬畏，方能行有所止。

从父母，上溯到爷爷奶奶、外公外婆，乃至列祖列宗，他们就是我们的根。当我们想起了谁，就记得去及时表达，向他们诉说，或者写一封寄往天堂的家书，真诚地表达思念，真实地汇报近况，相信他们一定也会为我们而感动。

爱屋及乌，多点仪式感

回想起婚后和公婆同住的这10多年里，我和婆婆之间从没红过脸，哪怕有了孩子之后，她也很有边界感，从不干涉对孩子的教育，懂得把孩子交还给父母来教养。她让我深刻体会到：有缘成为婆媳，有爱彼此善待，家和万事兴。

公婆和我爸妈相处得也很友好。前些年我妈妈做心脏手术出院后，是我婆婆贴身照顾了她三个月。两家日常见面时，公公和爸爸出门肩并肩，婆婆和妈妈手拉手，总有说不完的话。

此外，公婆、父母也给我们做出了恩爱的表率。爸爸每晚都会带妈妈去逛公园，还会日常给妈妈发红包；婆婆在家，公公上班时也会电话不断地问候关心，两人黏糊得像年轻小夫妻一般。

在父母的感染下，我们一家三口也学会了随时表达爱。对于孩子，我们夫妻俩从不吝啬赞美和感谢。我和先生每天给女儿写信，用便笺纸贴在家里，让她感受到父母的爱，孩子也因此变得自信而充满力量。

每到节假日，我们家也是充满了仪式感，鲜花、礼物、蛋糕、团圆、庆祝必不可少。每年除夕，我们都会给双方的父母洗脚，感谢他们一年来的牵挂和关心。我很认可这种仪式感，因为它会时不时地提醒我们正在爱与被爱着，会给平凡的生活带来出其不意的惊喜。

在我看来，当一家人聚在一起时，放下手机，停下忙碌，聊聊共同的话题，人在心也在，才是高质量的陪伴。真诚付出、彼此尊重，才能有久处不厌的和谐。

回归自性，人人都可找到自己人生的价值

除了美业，我还有一项业余爱好——跑马拉松。正是这个爱好，我结识了一位前辈，从此走上了公益之路。10多年来，我带动先生一起做志愿活动，从最初的助学、助困、助残到现在的家庭教育公益宣讲，至今家教宣讲超300场。

2023年12月，我有幸被评为福州市巾帼志愿服务“十大最美志愿者”之一。这份荣誉也让我在做公益这条路上更加笃定，持续践行，同时影响更多人加入。

奉献爱，激发人性的善

对于我做公益，身边也有人表示不解：同一时段去做业务明明可以赚更多钱，为什么要去做这种看不到收益的事情呢？我的回应是，我开心，我热爱。因为它可以激发人性的爱与善良，同时又能反过来滋养我们。

记得在2018年练习教练技术的时候，我和其他8位伙伴一起领养过一个小女孩。活动结束后，大家基本上就失去了联系。但我想起这个小女孩当时还在读小学，家庭贫困，极有可能面临失学，于是选择了继续和她保持联络，定期给她物质和精神上的支持关心，把她当成干女儿一样去疼爱。

直到现在，女孩读初三了，我真心替她高兴，也为自己的点滴付出感到自豪。这些年里，她不光有我个人的支持，还得到了妇联一些爱心人士的帮助。

及时行善，尽己所能，只要人人都献出一点爱，这个世界就会变得美好许多。我希望自己做一个终生奉献者，把公益事业长期做下去。

我的孩子也深受影响，她跟随我们做志愿者9年了。我们曾一起慰问贫困老人、自闭儿童、环卫工人，参与拗九节，当三坊七巷名胜古迹讲解员，做疫情防控志愿者，等等。

我们全家人都随缘地做一切善事，在志愿者的路上践行着，奉献自己的一份爱心。我们用实际行动表达着对祖国的热爱、对社会的回报。我相信，及时行善做公益，比起一些娱乐消费，它对孩子的意义也会更大、更长远。

自性本自具足

“何期自性，本自具足”，向内观，我们人人都能活出生命的无限光芒与精彩。

而我本人也是在学习、开悟的过程中，不断见识了内在美的力量。在具体的事情上修炼内心，看见了不起的自己，是我们余生都可以为之奋斗的目标。

【主编的话】

在吴丹的故事里，不知道大家发现没有，她有一股“我要”的劲儿，敢爱敢恨，回归家庭，彼此和解，落叶归根，孝顺父母……都是当代女性的典范。

即使遇到挫折，她也是“我的命运我做主”的大女主，眼里有光，心中有爱，经营小家之余还能照亮和温暖更多人。

人在根上下功夫，归根，连根，养根，我们的生活才会更顺遂。

姓名：吴钢
城市：北京
身份：寻关、访关、写关，拍摄者、记录者
个人愿景：“干出样来，玩出花来，写出彩来。”愿每个人都能事业有成，还有充实的生活和多彩的爱好。

吴钢：吾有所爱，闯关而来

看见了不起的自己：人生闯关

人生处处如闯关：定目标，寻路径——准备好就出发——记得欣赏风景。

亲爱的儿子：

早上好！

先多说一句，写信在今天来说绝对是件稀罕事，也早就落伍了，但我认为书信的形式更便于我们的沟通和交流。你提出的两个问题，我本想用微信回答，但只言片语太碎片化，也说不清楚，只好提笔给你写封信，不，是在电脑上敲字捋出几点，共同探讨。

你问："现实中怎么会有那么多不好办的事？"我的回答是："世上哪有好办的事？好办的事都不叫事。"我们每天一睁眼就必须面对各种问题。行路难，但逢山开路，遇水架桥，如同闯关，关关难过关关过，我们一步一个脚印地前行着，不是过了一关又一关吗？你将成为工程师了，老爸希望你在业务上"术业有专攻"，因为工作中有许多难题需要攻关解决。同时建议你生活也要丰富多彩，因为你知道老爸爱在祖国壮美的山水中转悠，尤其对关塞情有独钟。说实在的，老爸从“闯关”中悟出了些道理，也总结了自己所过的“三道关”，或许对你有所启发。

第一道关是启蒙关。对于游历的启蒙，缘于我的一次远行。10 岁那年，奶奶带我从古城西安坐火车去首都北京。威风的蒸汽机车喷着烟气，拽着一长串绿皮车在崇山峻岭中驰骋，外面的世界真好看。过太原不久，列车开始减速了，这时喇叭里传来播音员的声音：“娘子关车站就要到了，请下车的旅客做好准备。”此时我看到了窗外有城墙掠过，再看，雄伟的城墙（后来知道了那是长城）在山上起伏，而西安的城墙是修在平地上的。列车开动后，长长的车厢沿山脚画出一道弧形，随后山岭上的城墙消失在山的那一边。那时我就暗下决心，长大后一定要来娘子关，还要到山上去看长城。

启蒙应是广义的，不仅限于孩童的看图识字。在启蒙的过程中，除了家长，老师的作用也至关重要。记得上小学时，老师带领我们参观保温瓶厂，我第一次看到红彤彤的玻璃胆排着队移动着由小变大，原来保温瓶胆是气吹出来的呀！老师们经常带领我们学工、学农、学军，让我增长了许多见识。参加工作后，虽说已进入社会，但单位的领导和同事仍然是老师，遇到困惑和难题时，我会向他们请教，他们的指点能让我少走弯路，这同样是一种启蒙。俗话说“师傅领进门，修行在个人”，过了启蒙关就是自己的身体力行了。在成人的世界中，要靠自己去开创出一片天地。

第二道关是行动关。记得老爸第一次游历雄关，是在唐山陡河电厂实习的时候。喜欢地理的我早就知道陡河离北戴河不远，那里有“东临碣石有遗篇”的渤海。都 20 岁了还没见过大海呢，是时候实现看海的愿望了。北戴河离山海关很近，而唐山离北戴河也不远，于是我决定马上行动，下了夜班就赶到唐山站，踏上了北上的列车。出北戴河站时已是后半夜了，公路上漆黑一片，但偶有卡车通过，为了看海上日出，硬着头皮沿着公路走吧。当天际呈鱼肚白时，行进中的我平生第一次听到了海浪声，别提多兴奋了！赶紧找路到海滩，踩着海滩上的沙子，第一次看到了旭日出海，别提多激动了！

实现了看海的愿望后，我略费了一点周折就登上了去往山海关的公交车。在山海关游览间，“天下第一关”的由来、孟姜女哭长城的传说、“恸哭六军俱缟素，冲冠一怒为红颜”的故事陆续填充到我的知识库里。每当我想起山海关上猎猎招展的旌旗，就为这次“闯关”之行倍感骄傲。我们平时遇到的困难，就似前行路上的关隘，但碰到问题要想尽办法去解决，马上行动是破题的良方。

第三道关是本领关。2021年春天，我来到了玉门关。尽管眼前的古关早已被戈壁的风沙所侵蚀，但残缺的城垣仍是雄风犹在的秦月汉关。到了唐代，歌颂玉门关的诗篇竟成了边塞诗中的翘楚。谁会想到千年之后，来玉门关游玩的我们仍吟诵着“春风不度玉门关”的诗句？这就是这道雄关的价值吧。

感慨之余，想起老爸刚出校门踏入社会大门时的情景。那时，大环境要求青年人要有理想和抱负，当然还有“啊，亲爱的朋友们，创造这奇迹要靠谁？要靠我，要靠你，要靠我们八十年代的新一辈”歌声的激励，主客观因素都促使着我投身到热火朝天的建设中。我在车间跟师傅们学习修理和制造的技术。利用这段宝贵的青春时光，我熟悉了钳工、车工、铣工、刨工、磨工……老师傅们手把手地传授技能，老工程师们悉心指教，加上年轻时“初生牛犊不怕虎”的冲劲，我如饥似渴地学技术，很快成了业务骨干。正是不断地练就本领，才有了能力的持续提升。多件国家发明专利及实用新型专利、多项行业科技与管理成果、多篇专业论文与专著，都是我攻克了一道道难关后所取得的。老爸觉得自己挺了不起呢，师傅们也很了不起。

悟出点“闯关”心得的时候是路过娘子关的30年之后了，老爸果真站在了娘子关的城楼上。在城楼垛口处眺望长城，它巨龙般地在太行山间起伏。回望来时的路，发现每一天我都要踏上新征途，“闯关”是任务，“破关”是结果，“雄关漫道从头越”是我们的常态。感慨之余望见了悬挂的匾额，上书“天下第九关”，便生发了新的慨叹。很多地方都有自己的名胜古迹，有的胜迹称自己为“天下第一”，而雄险的娘子关虽谦逊地称自己为“天下第九”，却丝毫遮挡不住它“京畿藩屏”的大气势。娘子关在山西平定县城东北，为出入山西的咽喉。相传唐太宗之妹平阳公主曾统领娘子军在此驻防，真的很了不起。

除了能率兵打仗的平阳公主，明朝有一女将秦良玉也十分厉害。她们在古代都是凤毛麟角的存在，而今天，女性在各行各业中都发挥着重要的作用。

提到女性，老爸多问一句，谈的女朋友啥进展了？我不会干涉你，但提个建议应该可以吧。到什么年龄干什么事，是我们这一代的认知，你们可以不认同，但社会的发展是推陈出新、不断前进的。在我看来，今天的女性非常具有时代特点——业务能力与男同胞不相上下，以至于在收入上不分伯仲，甚至有过之；在婚恋方面更是高标准严要求，能赢得她们的青睐、能入她们的法眼实属不易；在带娃方面也尽显英雄本色，活力四射地奔波于各种兴趣班间。她们真了不起！

朋友相会来聚餐，不愿做饭点外卖。当下，一个人也能过得不错，手机在手，什么都有。但日月交替、阴阳平衡，饮食男女应是常态。找对象的事要赶紧进行，争取早日瓜熟蒂落。谈女朋友也相当于“攻关”，实干加巧干，没有攻克不下的堡垒。当然，谈婚论嫁不能回避物质条件等问题，但物质条件可以不间断地去创造。

再提示一句，工作忙也得抽空问候妈妈一声。你所经历的幼升小、小升初、中考、高考、读研，还有进入职场，每完成一个台阶的跃升也是完成了对一道难关的攻克，每一步的成长都可以看成你努力的成果。其实，一顿可口的饭菜、一身叠好的衣裤、一次补习班外的等待都离不开妈妈的全力支持，妈妈的大爱是助力儿子前行的动力，家人的支撑更是如此。

话扯远了。**你说年代不同了，当今的压力与快节奏让人焦虑，不成就躺平吧。**我认为不尽然，能躺平的人一定有躺平的本钱，没躺平的人大有人在。说实在的，不论是否躺平，问题总是要面对的，而处理问题的过程与闯关的过程有异曲同工之处。咱们慢慢来，分**“三步走”**就可以解决。

第一步，闯“事关”。既要自己去做，也要与大家携手。至今，我还清晰地记得工作后初战过关的情形。有一天，我到车间钳工二班讨论液力联轴器轴瓦的组装工艺时，看到师傅们在被天车吊起的箱体下作业，在安装过程中还必须不时地去扶正箱体，因为箱体晃动会影响装配质量。对此，他们很伤脑筋。

为了攻克这道关，我几乎泡在了车间里，与师傅们一起反复商量最佳的装配方案，用现在的话说就是运用人机工程学的方法进行设计。为了节约成本，我还时常跑到废料堆里找材料。几天后，焊工下料、车工加工、钳工组装，大家齐动手，很快将组装台架做好了。当师傅们在台架上完成一台箱体的组装后，连声称："这台子好使！"这是我参加工作后第一次攻克的技术难关，高兴的同时还要感谢师傅们，没有他们的帮助，制作过程还不知要经历多少曲折。

有时碰到难题我也会躺平一下，躺平的主要方式就是去寻关。途中所长的见识，有时真能带来些启发。例如怀柔境内的长城上有一个关口，在关外叫"镇虏关"，在关内叫"撞道口"。一关两名字，我来了兴趣。历史上，很多关塞都以"镇北""雄镇""破虏"等命名。"镇虏"二字好理解，而"撞道口"的含义呢，我费了一些周折才知道。因镇虏关修在两山间低洼地带，加之有山岭挡住视线，故不到关门是看不见关口的，行人至此需要"撞"入关口。很多事情有自己的规律，须经过实践才能发现。

第二步，闯"心关"。既要坚持不懈，又要找破题方法。在我看来，游历与工作是相辅相成的，在穿行名山大川的过程中，脑子里不时会浮现出工作里的问题。奇妙的是，有时走着走着，一个问题的破解方法就会迸发出来。如设计的绝缘操作杆端头工作模块就是在一次游历中得出来的。前年夏天，我看到了一位电工师傅操作柱上综合计量箱。他穿好工作服准备登杆时，汗水已浸湿了工作服。他在杆上倾斜身体操作，顷刻就大汗淋漓……等他下杆后，我俩聊了起来。我说："师傅，能不能在现成的绝缘操作杆顶端加个功能模块，不用登杆，在地面就能完成刚才的操作呢？"他立即说："你能做出来我就去使用。"现场问题便是工作中的课题！我立即开始查阅金属材料和机械加工手册。三个月过去了，我还没有构思出有效的紧固方式，甚至有了打退堂鼓的念头……终于，我在一次对居庸关景色的补拍之行中，沿着公路溜达时发现路旁立着一块交通标志牌。职业习惯促使我去研究它是怎么固定的，于是过去好好端详了一番，它的紧固结构令我茅塞顿开。

不久，工作杆的端头功能模块试制出来后，师傅立即进行了作业，操作过程极为顺畅。他满意地连声夸赞："好用，好用。"这个成果还衍生出一个专利和两篇论文呢。

第三步，闯"我关"。既要个人能成事，还要利他人进步。当年，我的技术之路是老工程师、老师傅们手把手带出来的。在单位的科技项目上，我尽量多吸纳年轻人来协力攻关。如在进行设备可视化运行维护项目时，我们将目标拆分为计算、画图、查重、试验等单元小组。大家各司其职、相互配合，运行专业的绘图、运检专业的制作、控制专业的演算、技术组的试验、安全组的校核……这些使我们最终找到了三个创新点，设计、制作的设备系统经过测试、运行，各项技术指标满足验收要求。

几年来，我带着三至五名年轻人，或进行发明创造，或撰写论文研究，或解决工作中的难点问题。如发明低压断路器导线接头束线技术，指导他们从铜绞线散股后导电面积缩小、大负荷下多股线热聚集的形成等机理开始，到约束导线的多个技术方案，一步一个脚印地去攻关，终于圆满地根除了导线接头烧毁的问题。年轻人不但收获了科技奖项，还斩获了专利、论文等，大家都有收获。我们单位的年轻人也是了不起的。建议你也要多参加单位的课题，为将来的工作打基础。前两天，你说独自完成了一个设计项目，当时老爸就想说：儿子，你真了不起！

“提笔”敲了这么多字，算是回答了你的问题。下面是我悟出的所谓三条闯关锦囊，但不限于游历：**定目标须找寻路径；准备好就即刻出发；途中欣赏美丽风景。**

再次回首自己的成长之路，总结如下：工作期间找到了属于自己的“金矿”——完成任务的过程中解决了不少问题，收获了许多成果；游历期间也找到了属于自己的“金矿”——走到了分布在祖国大地上的许多雄关要隘，增长了许多见识。

了不起的年轻人们，去发掘你们眼中的“金矿”，发挥你们的智慧和力量去开采吧！

祝亲爱的儿子一切顺利！

爸爸

2023 年 11 月 12 日

【主编的话】

人生犹如旅途，就像闯关，没有熬不过的难，也没有过不去的坎。也许你心中也有困惑，知道这些道理却依然摆不平当下，该如何是好？

也许你再细细品读一下这位父亲写给儿子的信，你就会明白，努力内卷也好，洒脱躺平也罢，最大的区别在于：

躺平是心态上不执着，不是啥也不干；

拼搏是行动上积极，不要在乎最终结果。

愿我们一起因上用功，果上随缘。

姓名：徐心
城市：内蒙古鄂尔多斯
身份：小学语文老师、班主任
个人愿景：愿天下孩子的学习，变成一件简单的事儿。

徐心：花生缘，奋斗心

看见了不起的自己：奋斗以恒

初心不与年俱老，奋斗永似少年时。奋斗者不负春光，贵在笃行不息。

开篇语：

用一颗心感染一颗心，用一颗心唤醒一颗心，这就是我的“心碑”。人生的每个阶段都需要自强不息，努力奋斗。

奋斗的起源

花生便宜又美味，不仅能榨油，还能健脾养胃，增强食欲，被称为“长寿果”。我小时候特别爱吃花生，但只有过年家里才会买点生花生。每次不等妈妈炒熟，我就迫不及待地抓一把生的吃。爸爸说吃生花生肚里会长虫，从那以后我就不敢吃生的了。长大后我就不怎么爱吃花生了，直到那一年，我又开始喜欢上了花生……

2006 年，我从包头师范学院毕业后，本来要成为一名初中化学老师的，但阴差阳错地去了一家能源企业。再后来结婚生子，又开了一家辅导中心，一干就是 7 年。这 7 年里，我学习演讲，学习写作，学习画画等。当我发现小小的辅导班已不能承载我的梦想时，上天将一个千载难逢的机会推到了我面前：2018 年 1 月，我经过层层选拔，如愿成了东胜区第五小学的一名临聘教师。

奋斗的故事

化学专业的我当了小学语文老师兼班主任，可想压力有多大。刚开学的第一个月，我忙得脚后跟打后脑勺——白天上课、听课，处理班里的事情，中午不睡觉去批改作业，晚上看名师课堂实录，凌晨 5 点起来写教学反思……一个月下来暴瘦 8 斤，大家都以为我在减肥。

临聘教师工资比较低，也没有保障，还随时可能“下课”。我只好每天拼命地学习和听课，希望早日成为“正规军”。当时的政策是：临聘教师报考教师招聘考试需要在学校工作满 1 年，而且必须是专业对口的本科学历才行；如果专业不对口则需要聘够 3 年才能参加教招考试。而我三个条件没有一条符合，很彷徨也很恐惧，可我无能为力，只能每天顶着教学压力，扛着被解聘的担忧和无法参加考试的沮丧，还有照顾两个女儿的重任，坚持到了第三年。

人哪，无论什么时候，都不要放弃对梦想的追求，不要被眼前的困难吓倒。当困难如洪水猛兽一样涌来时，要有“魔高一尺，道高一丈”的勇气去克服它。这个勇气，就是内在的那颗自强不息的“奋斗心”。

我决定先拿下本科，从零开始攻克汉语言专业，从头开始学语文基础知识、中国文学史、外国文学史、文言文、教育学、教育心理学、心理学、新课标、教材教法……为了攻克文言文，我还买了初中和高中的文言文课文解读，学完了初中与高中语文课本中的所有文言文，学习了 120 个文言文实词和 18 个虚词。总之，高中时代没有学懂的知识，我都啃得透透的，现在基本能读懂一篇简单的文言文了。

经过 3 年夜以继日的学习，我拿到了自考本科证，同时临聘也够 3 年了，我终于获得了报名教招考试的资格。2021 年 3 月，我如愿以偿地参加了考试，以笔试第七名的成绩杀进了面试。

很可惜，面试的前一天晚上我失眠了，凌晨 4 点醒来开始练讲，到了中午匆匆吃了一口面，下午 1 点多就到了面试场地。抽签一共 20 人，我抽到了 18 号。这漫长的面试路，我一会儿心跳加速，一会儿坐立不安，紧张得只想上厕所，终于轮到紧张兮兮又饥肠辘辘的我的时候，已经是下午 6 点多了。偌大的教室只剩下几个考生，冷冷清清的，长长的走廊空荡荡的。

进入面试教室，评委看起来也很疲惫了，而我也又累又困又饿，被一种“凄凄惨惨”的心情包裹着。试讲成绩可想而知，我落选了。拖着沉重的脚步走出校门，我一看见在外面冻了一天的焦急的闺密，瞬间控制不住情绪，3 年的煎熬和委屈瞬间化成了号啕大哭。那一天是我最难过的一天，我的朋友、我的家人也都为我遗憾。

80 岁的老爸安慰我说，宋朝有个梁老汉，一直考到 82 岁才中状元，不要气馁，明年再参加。听完他的话我笑了，笑完之后又哭了。为了支持我考试，爸妈专门从鄂尔多斯来给我看孩子，我觉得很对不起他们。姐姐也在自责，说她没有用心付出，考试的时候也没陪我，所以我没考上……一回想这些，我的眼里就有了泪花。老爸的鼓励让我对未来充满了信心，让我鼓起勇气坚定不移地走下去，鼓励自己一定会成为一名“正规军”。

从哪里跌倒就要从哪里爬起，我开始反思自己面试失败的原因，最主要的是自己无法突破对讲课的恐惧，恐惧的原因是讲课是我的短板，因此我要在讲课上下功夫。2022 年，我不停地看名师课堂实录，同时和学校的优秀教师学习，几乎天天蹲在王丽老师的班里学习讲课。

功夫不负有心人，第二年我又杀进了面试。那天的抽考题目是《落花生》，抽到这篇课文时我比较兴奋，因为我太熟悉了。我快速备完课进入考场，一样的场景，不一样的考官。这一次，我时刻不忘去年的教训，当心跳加速时，我会在写板书时暗自给自己打气：“怕什么，有什么可怕的？”10 分钟试讲时间一晃就过去了，我的面试成绩 80 多分，如愿“上岸”了。

于是《落花生》成了我人生中最经典的一课。我因“花生”成功“上岸”，也更深刻地领悟了《落花生》那篇文章的内涵：做人也要像落花生一样，要做有用的人，不要做只讲体面而对别人没有用的人。

奋斗班的“小花生”

我因为梦想而不断地学习和奋斗，现在我用我的故事激励、影响着我的学生，同时我用一套班级管理体系激发每个学生的潜能，培养他们拥有一颗奋斗的心。

一切重新开始，我成了一年级的语文老师兼班主任。新学期我迎来了一群小萌娃，在我眼里他们都是独一无二的，个性张扬，与众不同。我给班级起名“奋斗班”，班级文化以“奋斗”为宗旨，希望潜移默化地影响孩子们成为吃苦耐劳、自强不息、拼搏奋斗的人。

花生便宜而寻常，它常常因为廉价而被人忽视；也因为寻常，生活中处处有它的身影。从瑜伽的角度上来说，它是悦性食物，常吃它可以给人带来愉悦之感；在日常的饮食中，它以多种形态存在，炒菜时的花生油，火锅店里的拌料花生碎，餐桌上的油炸花生米、老醋花生米……

花生常被称为“长寿果”，因为它营养丰富，可以健脾胃、养气血、补大脑。它虽普通，但有如此大的食用价值，这不正是我们平凡人的真实写照吗？班里的孩子们也都是普普通通的学生，因此我把他们喻为“小花生”。我就是一颗“大花生”，我们师生是新时代奋斗型的“花生人”。“花生人”首先要精神强大，有梦想，自律自强，同时也要像落花生一样做有用的人，不仅要讲体面，还要对别人有好处。

有了班级文化，班级管理模式也应运而生。我的班级管理模式是双轨管理制：一轨定岗轮岗制，人人定岗（竞聘上岗）、人人轮岗（每天都有值日班长）；二轨奋斗银行制，包括存款机制（优秀行为习惯）、利息机制（免作业、挑选同桌等）。我一直倡导民主的管理方式，每个孩子都是班级的小主人，孩子们主动参与班级管理，形成了良好班风。孩子们在民主、文明、团结、友爱的班风下成长，方方面面的能力得到了锻炼。同时，我希望每一个孩子都有成功的体验，因此，我们班的孩子，人人有事干，事事有人干，人人都是班干部。

于是，我们开展了一场竞选班干部的活动，演讲竞选，民主投票。

大班长1名，班主任助理2名，语文班长2名，数学班长2名，美术班长2名，音乐班长2名，体育班长2名，科学班长2名，心理班长2名，纪律委员2名，劳动委员2名，卫生检查员2名，电脑班长2名，电灯班长2名，窗帘管理员2名，诵读班长2名，文艺班长2名，楼道管理员2名，护花使者2名，护旗手1名，黑板和讲桌管理员2名。

我绞尽脑汁设定这么多岗位，就是想让每个孩子都有自己发挥的舞台。虽然每天的事情非常简单，但就是在这简单的学习生活中，孩子们锻炼了自制能力，培养了责任心，也磨炼了意志。同时我利用这一环节努力发现他们的优点，放大他们的优点，挖掘他们的潜能，让他们像金子一样散发光芒。

要做书法家的小宇

对于一年级的孩子来说，他们初当班长，根本就不知道该如何当。有的孩子一听自己是班长就开心得不得了。我告诉他们，班长不能趾高气扬对同学指手画脚，要帮助老师，帮助同学，默默无闻，学会奉献，对别人有用。

有的班长特别负责，比如电灯班长小宇。有一天放学，他没有跟着队伍出来，我赶紧回到教室，结果看到他帮着值日生值日呢。我问他：“今天不归你值日，为什么不回家呢？”他认真地说：“我是电灯班长，我得等值日生值完日关灯。”

听完他的回答，我哈哈大笑，说道：“小宇，你真敬业，真是个好电灯班长，如果天天值日生值完日你再关灯，那你不是回家很晚吗？所以你只需要白天的时候、上体育课的时候、中午放学后把灯关了就行。”

小宇在当班长的过程中变化很大，一年级下学期，他突然懂事多了。刚开学他总是忘记关灯，我多次提醒他后，他慢慢铭记在心，时时刻刻记住关灯是他的任务。半个学期过去了，小宇这个电灯班长越来越称职。

正因为小宇当电灯班长，几乎天天我都和他有交流，只要他做得好我就表扬他。在这个过程中，我发现小宇是个有自己想法的孩子，而且他能笃定地坚持做自己认定的事儿。于是我就放大他的优点，每天以赞赏的眼光去欣赏他。

久而久之，他在课堂上的表现也特别好。他从一个上学期间只想回家的小朋友，转变成一个在课堂上积极发言的优秀学生。因为他年龄在班里偏小，所以动作有些慢，写字的速度也有些慢，但他能坚持不懈，每天晚上回家练习毛笔字，发誓长大要当一名书法家。小宇的改变，让我更加坚信教育孩子就是用心发现孩子的优点，不断地挖掘他们的潜能，看见了不起的他们，帮助他们长成自己的样子。

生生不息的“小花生”们

刚开始小凯是一个让我头疼的孩子，开学第一天就和班里的另一个孩子打架，上课总是交头接耳，平日里总是和同学发生矛盾，还欺负女生。他起初竞选的是纪律委员，通过一段时间的观察，我发现他连自己都管不住，更别提班级的纪律了，于是我又给他调成了电脑班长。

没想到小凯对电脑非常敏感，一教就会。我吩咐他上课前要打开电脑，上体育课时、放学时都要及时关机。他非常敬业，一放学第一个冲到前面关电脑。小凯的变化让我坚定地相信，一个有坏习惯的孩子是能被教育好的。现在小凯和同学相处得非常好，书写漂亮，上课特别爱回答问题，虽然还有些坐不住，但和他开学时比已经有了质的飞跃。

像小宇和小凯这样的例子有好多，比如大班长小茹、劳动委员小泽、窗帘管理员小涵、护花使者小宁等，通过当班干部这一过程，他们都发生了很大的变化，学习态度和学习习惯都在潜移默化中有所改变。我们班 40 个小朋友都是班干部，选拔其实很简单，但从上任到胜任就是培育人的过程，在这个过程中让孩子明白什么是责任，学会担当，学会坚守，懂得付出……教书与育人并重，这一路对我来说比较辛苦，但很值得。

以前我没有当过班长，想想还是很遗憾的。如今我是班主任，我就让每一名学生都有当班长的机会，让他们对班级有主人翁的感情，通过对班级付出而得到当班长的快乐与幸福，从而激发他们的内在潜能，找到独特的自己。相信每个孩子只要努力勤奋，都会发出璀璨耀眼的光芒。

从小我就喜欢吃花生，中年因为花生而成功换了“赛道”，也因许地山的《落花生》而感悟了平凡人的意义。花生如同我们芸芸众生中每一个人，默默无闻，毫不起眼。其实它是非常了不起的种子，也是营养价值高的果实，汲取了天地之精华。平凡的我们也如花生一样很不起眼，但很有价值。通过花生我看到了了不起的自己、了不起的你！

后记：正如习近平主席所说：“幸福都是奋斗出来的。”这个时代属于平凡的人，我是新时代教育的传灯人。我愿意做一名新时代的“花生人”，做个幸福的老师，培养有奋斗精神的“小花生”们。

【主编的话】

我们每一个普通人都是这个时代一粒粒的“花生”，虽然平凡，但依然发挥着不可估量的价值。

一粒粒充满朝气的“小花生”，也被徐心这颗“大花生”，带动得粒粒饱满，能发挥自身的力量。

姓名：孙在亮
城市：山东滨州
身份：执业医师
个人愿景：让每个家庭都有懂中医的人。

孙在亮：小砭石，大智慧

看见了不起的自己：中和之道

天地之道，在于有和；医之道，亦在于和。
人生在天地之间，和则健康，人之病皆因失和。

开篇语：

“中和”的智慧，不仅仅能用来治病——这是一个关于阴阳平衡和医学智慧的故事。

临床工作20年，我用砭石疗法治愈了无数常见疾病。这种非药物外治疗法不仅效果好，而且简单、安全、有效、舒适。早期发病的患者被治疗后甚至能够迅速恢复健康，无须药物干预或注射治疗，疗效常常令人啧啧称奇，于是我决定深入研究。

砭石疗法不仅仅是一种治疗手段，更是一扇通往中医中和之道的大门。通过砭石疗法，我开始探索阴阳思想的最高境界，追求宇宙万物的平衡法则。现在我也明白了，只有让身体各方面实现中和，才能达到真正的健康和平衡，成为更平和强大的人。

让我们一起探索阴阳平衡的奇妙世界，为自己创造更美好的人生吧。

不明中和：初遇困局，亲历无奈

2004年底，我离开医院回镇上开了家诊所。平日里大多就是卖药、打吊瓶，没什么技术含量，令我常有点怀才不遇的惆怅。

2005年刚入冬，母亲的胳膊疼痛难忍，我迅速用上了止疼药、膏药、针灸、中药、拔罐等所有知道的方法，可最后她的胳膊还是抬不起来，甚至抬手吃饭也越来越困难。看着母亲痛苦的样子，那一刻，我觉得自己很窝囊。

寒热中和：快速消除肩周炎

同年10月，差点去不成的泰山中医研讨会，让我意外结缘了砭石。

在会上，我遇到了现在的师父，他给了我一块黑不溜秋的石头，说它是位居中医六大疗法之首、具有神奇疗效的灵石——砭石。他说："你母亲的肩周炎是因为受寒引起的，也叫'肩凝症'。中医砭石治肩周炎要根据'寒者热之，热者寒之；虚者补之，实者泻之'的法则对肩周进行纠偏，让身体重返'中和'的健康状态。"

我半信半疑，一到家就把砭石放在40℃～60℃的水中加热，然后在母亲的肩周区域先后选取了肩井、天宗、肩髃、肩髎穴位，还选用了肩周疼痛的对侧下肢的条口穴，每个穴位使用砭石点压热透1～3分钟。一次治疗后，母亲的疼痛消除了一大半。三次治疗后，她的肩膀灵活自如了。

为什么那么多方法都无效，一块小小的砭石却这么神奇呢？

师父说："使用砭石就是让偏寒偏热的皆平之，使之归于'和'的状态。中医治病的核心就是：偏盛的削之，偏衰的益之，偏歪的正之，偏寒偏热的皆平之，皆使归于'和'的状态。"

后来我明白了，人分阴阳，砭石也是有阴阳的，这正是《砭经》中说的：**砭之用，首在于热，疾病起于寒，砭以热救治，阴阳平衡百病消。**师父说的砭石治病让人体中和，就是让人体阴阳平衡百病消。

我们现在给患者制定治疗方案时，会经常运用到阴阳平衡理论，帮助患者看到自己意识不到的身体的深层问题，借助阴阳平衡理论，让身体回归“中和”的状态。

身体中和：人人都可以做的强壮功法

《路史》中记载：“人祖伏羲尝草制砭，以治民疾。”

人分阴阳，石亦分阴阳，阴病阳治，阳病阴克。

最早的砭石是6500万年前的陨石坠落在鲁西南地区（今山东泗水）后发生了大爆炸，改变了陨石内部结构后的石头。泗水之滨的泗滨浮石为上品，古人又称之为伏羲石、扁鹊石等。

砭石有奇异的能量场，其中远红外线对血液循环和微循环障碍引起的多种疾病具有改善和预防作用，对人体非常有益。

砭石拥有的丰富超声波脉冲，对人体具有改善微循环、疏通经络、抵制癌细胞生长和消除体内多余脂肪沉积等作用。

使用砭石治疗被称为“砭术”。砭术属于古医技术，是在针法、灸法出现以前的主要医术。最神奇的是，砭石具备调节身体平衡的功能，能让身体归于中和——既可以治疗高血压，又可以治疗低血压。

我们的祖先在医疗实践中不断总结经验，形成了砭石疗法体系。扁鹊是砭石疗法的代表人物，被誉为“东方砭神”，其医学代表著作为《扁鹊内经》《扁鹊外经》。

经过多年临床实践操作，我在2013年开始用多功能砭石梳子推广砭术导引调衡三式。

我始终谨记“宁可架上药生尘，更愿世间人无病”。随着对砭术的研究和治疗越加精进，我越来越急迫地想与更多人分享它。

天人合一：让孩子健康幸福，少年强则国强

我接诊过一个喘憋性肺炎的孩子，因过量使用激素，才7岁就105斤了。

我听诊完凝神开处方时，他妈妈突然跑过来大声说："医生，千万别给孩子输液了。输完液他整夜不睡觉，老是吃东西。"说完放声大哭。

那一刻，我的心酸和无力感无以言表。

我还接诊过一个 9 岁的孩子，他 4 岁生病输液后听力慢慢减弱，父母带他辗转各大医院求医，可是，最后他还是听不见了。我看着他笑着一会儿把玩具放在地上，一会儿又把汽车当作飞机飞翔，心里堵得慌。

他的父母说："给孩子调理一下脾胃吧，最近他肚子胀，吃饭越来越少。但我们就一个要求，治不好没关系，别再让他遭罪了。"

我感受到了深深的无奈和疾病的残酷——**孩子还没吃过生活的苦，却已经吃遍了打针吃药的苦……**

千辛万苦生下健康的孩子是多么开心的事呀，但因为不恰当的治疗方法让他受伤，父母肯定悔恨不已！都说人有啥别有病，因为疾病摧毁一个家庭真的不费吹灰之力，而爸妈的正确观念能护佑孩子的健康。

当看到这些受伤的孩子后，我更坚信了对孩子们应选用简单、安全、有效的外治疗法，最好是绿色非药物外治疗法。

有些"生病"的孩子，其实就是体质、脏腑暂时失衡了。他们的脏腑在发育中是无法用病理来定义的，只是因为某些偏差才出现了阶段性的生理问题，因此纠正好即可消除所谓的病症，并将身体机能调回正常的生理成长轨道。

一个孩子被诊断为小儿多动症，他的妈妈说："现在也用了不少的药，症状没有任何改善。他从小脾胃不好，吃东西少，光吃药太受罪了。砭石治疗能不能行？"

以前这种病症我还真是治疗得挺费劲的，而且孩子还受罪，但是现在有了小砭石针直接贴敷穴位，不吃药、不打针，治愈也容易了。

这个孩子先天脏腑肝木太过，脾土不及，肺金不及，脾最弱，所以从小脾胃不好，加上肝木乘脾土，因此容易发生小儿多动症。所以，**只需要把孩子的先天体质和脏腑调节平衡，恢复身体自愈力，让身体"中和"了，病症就痊愈了。**

我给孩子使用砭石针贴敷脾俞、心俞、天枢、中脘、行间等穴，连续使用十次并配合砭石疏通脊柱的方法后，三个疗程他就痊愈了。

砭石治疗认为，人有五脏，而每个人都与其中的一脏有特殊的关系，五脏强弱平衡与否，决定了我们健康与否。但每个人都有格外重要的弱脏，我将其称为先天禀赋。要格外关注扶持弱脏，因为它好不好决定了我们生命的高度和强度够不够。

我使用砭石的技法，作用于人体的经络穴位调理弱脏，就可以让人体回归平衡而达到“中和”的状态，疾病自然痊愈了。

从中医的角度来讲，人之所以患病，就是阴阳、脏腑、经络、气血、心神等的协调、和谐、平衡、融洽状态被打破了——失去了“中和”。而求医治病，其实就是求“和”。

中和之道的智慧，让你成为了不起的自己

古代阴阳家的修行法门之一齐物之道：“修身养性，内练自身；外观万物，阴阳于道。”说的是透过世间万物，我们可以悟到万事万物的本质。

如今，我用砭石来入中和之道。“中”讲究的是平衡，也是万事万物的法则，讲究不偏不倚、阴阳平衡；“和”是包容、开放、兼容并蓄的意思，是治未病，是既病防变，是病后防复，是身心和谐的至高境界。

听起来很难，其实做起来很简单，就是恢复平衡以及和谐。一旦达到平衡和谐的状态，疾病就会痊愈。

现在我不光在门诊治病，也努力往外走，成为中国民族卫生协会培训部特邀讲师，把自己擅长的中医古法砭术疗法、砭针穴位组方疗法、砭针域点针法推广出去，让更多人受益。

这一路走来，有坦途也有弯道，有荆棘也有繁花，有悲凉也有欣慰，有艰难磨折处，亦有人生修行时。无论多么艰难，我都致力于让中国每个家庭都有自己的“家庭中医砭术师”，帮大家在家自己解决基础病况，实现“治未病”的目的。

坚守初心，秉砭石中和之道，我们一起前行吧！

【主编的话】

喜怒哀乐之未发，谓之中；发而皆中节，谓之和。当喜则喜，当怒则怒，不偏不倚，直抒胸臆，岂不逍遥自在。

如果人生某个阶段暂时失衡，可以选择接纳并学习中医的中和之道，把平衡找回来，不追求大喜大悲，平平淡淡才是真。

也许我们很难摆脱世俗，但愿入世中保持手里有刀，心中有佛，脚下有闹市，心中有山水。

姓名：王江瑞
城市：陕西西安
身份：私塾教育探索者
个人愿景：愿每个家庭都有适合孩子的教育之路。

王江瑞：女儿带着大雁一起飞

看见了不起的自己：教其心，育其身

“欲修其身者，先正其心。”
“教其心”，教的是“知行合一”的“高贵之心”。

2024年，女儿19岁了，她雅思考了7.0分，SAT1460分（自学），两小时内跑完半马，修习内家拳，十来岁时就能独自准备十几人的饭菜，会打乒乓球和篮球，会弹钢琴和吉他，喜欢画画……我在9年的家庭教育探索中，有经验也有弯路，有困惑也有方法，在此与大家分享。

教育的本质：教其心，育其身

“教”的是心，“育”的是身，这来自老祖宗造字的智慧，揭示了教育的本质。

关于“育其身”，著名教育家蔡元培先生认为：“有健全之身体，始有健全之精神。”在任北大校长期间，他将体育排在德育、智育、美育的前面，提出了“完全人格，首在体育”的教育思想，奠定了北京大学精英人才教育的基础。

“教其心”，教的是“知行合一”的“高贵之心”。“心”是一个统称，涵盖了人的心理、行为、世界观、人生观、价值观等。不仅要让孩子知道，还要督促他们内化成良好的思维习惯和做事能力。

没有石头也要过河，女儿成了实验品

“责任心”是源头

女儿小的时候，公交站牌、广告牌、路标、超市的商品名等都是她的鲜活教材。只要家长有责任心，生活处处是教育。

读小学时，女儿基本能自主阅读了。如果有听写作业，我一般只签字但不检查对错，而且振振有词道：“听写也是为了能把字记住，你只要默写出来，也一样能达到目的。”

慢慢地，她就接受了摊上“懒妈”的现实，只能自己对自己负责了。

分清三件事，让孩子有担当

人的烦恼往往是因为忘了“自己的事”，爱管“别人的事”，担心“老天的事”。分清这三件事，不仅有助于厘清人与人的边界、处理好情绪，还有助于培养孩子的责任心。

有一天，女儿到校门口才记起忘戴红领巾了，让我回去拿。我狠下心说：“这是你的事，第一次妈妈已经帮你拿了，当时就说‘以后你自己的事自己负责’，所以这次妈妈拒绝帮你。”女儿又哭又求，磨了一会儿发现根本没用，只好噘着嘴回去取。此后，每次出门她都记得检查物品是否带齐了。

“撞了南墙”才知道要为自己的行为买单，以后做事就会认真对待——教育正是这样，体现在细微之处。

童蒙养正，是孩子一生成就的基石

女儿会把每天要做的事列在一张表上，完成后自己填，还有相应的奖罚措施。除了固定的中文、英文、运动外，还有练琴、看书、总结、劳动等不定期的项目。

在完成的过程中，孩子就跟玩儿一样，而且还有奖励，当然开心哪。不过，她也有不想做或者想蒙混过关的情况，这时候就是很好的教育孩子的契机。

一次，女儿有一项任务没完成但她填了“已完成”。

撒谎是养成好的学习习惯的天敌，批评打骂只是扬汤止沸，要想釜底抽薪，必须找到根源。

我说：“妈妈知道你有些没做却写了‘已完成’。妈妈很看重诚实，事情没做好弥补就行，首先要做个诚实的人。那么，你愿意说说今天哪些做了，哪些没做吗？”女儿不好意思地说了事实，补充说怕没做完挨批评。

你看，孩子撒谎的背后是惧怕父母批评，让她放心即可。

古人讲“童蒙养正，少年养志，成年养德”。养的是孩子的“正心”“正德”“正见”和“正行”，包括诚实，还有上进心、感恩心、爱心等，皆是在引导孩子树立正确的世界观、人生观、价值观。这是“教其心”中的核心的“心”，是奠定孩子未来人生和成就的基石。

守好教育的原则——“教其心，育其身”，孩子就能端正三观，成为造福社会的人。

两千元，为未来铺路

训练学习力：不珍惜就剥夺

为了养成女儿的自主学习能力，我也颇费心思。

现在的孩子基本上“饭来张口，衣来伸手”，连家务都不做；小朋友们都必须进学校读书，体会不到“想读书而不能”的心酸，甚至会觉得读书是一件不得不做的苦差事。大人跟孩子说“现在吃不了学习的苦，将来一定会吃生活上的苦”，他现在也没法感受到，做作业磨磨蹭蹭，一心惦记着玩儿，大人说一句顶十句，气得人七窍生烟。忍无可忍时批他一通，消停几天了再周而复始……

对于女儿的学习，我全网搜索视听文字资料或社会热点事件，提供学习方法、讨论、复盘、把关等指导供她自学。她起初还能按计划去学，但随着年龄的增长，就开始混日子、磨洋工了。

学习辛苦是吧？行，不学了，去体验比学习更累的事吧。

不学习就得劳作和运动。暑假期间，女儿必须每天打理菜园，负责十几个人的三餐和卫生；两小时运动，看视频自学新动作。完成这些后她才可以吃上饭，有时连饭都吃不上，做不好还要挨批评，晚上沾枕头就呼呼大睡。老人心疼地叨叨说我这当妈的太狠了，不是亲妈。

宠爱不是爱，是害。此时越狠心越有效，所以我一点也不退让。

这种“不珍惜就剥夺”的措施立竿见影，一个多月后，女儿经过再三申请和保证，通过我设置的种种障碍的考验后，方才再次得到学习机会。此后她非常珍惜失而复得的学习机会，也很感激我再给她机会，学习进度快了很多。

虽然她的学习能力已超过多数同龄人，不需要大人监督和太多提醒，但养成终身学习的习惯才是目的，也就是“教其心”中的“我要学”的“心”。

自己争取的才香——“小黑马”外地学习记

女儿 14 岁时，一个去外地学习的机会出现了。

我说：“你已经 14 岁了，你的事情你做主。去不去，或者需要我协助什么，说一声就好。”

女儿决定去，然后独自录演讲视频和运动视频，写申请，找人写推荐信等，顺利通过了网上面试。当然，她也没让我闲着，列了需要我帮忙的事：帮忙买 × 月 × 日的机票，问老师一些问题等。这些准备工作对她来说还是有一些难度和挑战的，但自己努力争取来的机会才香，所以我也尽可能地帮她实现。

女儿顺利通过了试读期，学习成绩节节攀升，并通过锻炼将体重由130斤减到了110斤。老师说幸亏留下了她，否则就错过了她成为黑马的蜕变过程。

女儿在演讲

"育其身"，终身受益

女儿的身体素质一直优于同龄人，除了最初几年打疫苗外很少进医院。10岁时，她就从北京一路骑行近一个月到内蒙古。加上长期修习太极拳，她身体的耐力、爆发力和协调性都不错，性格也很随和。

骑行中

七八岁之前，她经常在床上打滚倒立，大了她就自己照着视频练。为了防止她运动损伤，我还参加了健身行业的专业培训。

即便在老家，女儿也是一大早就去跑五公里，等她运动结束时大家还没起床。

老人看着大汗淋漓的女儿，心疼她太累了。女儿笑笑说动动舒服，人也精神，还可以维持现在的体形。14岁开始发育后，她的体重一度达到了130斤。其实这是此前积累的压力释放，在经过正骨后身体出现的反弹现象，但她还是希望通过运动保持身材。

教育原则中的"育其身"，我们实实在在做到了。女儿终身运动的习惯会令她一生受益的，因为健康是实现一切梦想的基础。

梦想是永动机

我问女儿有什么梦想，她神秘地说："保密，考上好的大学后有更多机会，工作后有了基本的生存空间和基础，就可以实现自己的理想啦。所以，考不上大学，一切都是空谈。”

很多人都担心不走正常求学途径，没有文凭的话如何在以后的社会立足。其实我帮女儿规划了三条主要路线。

第一，师带徒，跟着她喜欢的行业大咖学习。资源早早就在积累了，不过得有实力才配得上。

第二，参加国内高考。

第三，曲线考学，过了英语（雅思或托福等）关后，先考上第三世界国家的重点大学，或者申请到发达国家大学的奖学金，再考到国内同等级别大学的研究生，也可以进入世界其他大学进修，或以其他形式回国。

最后，女儿选择了第三条路。

除了这些，还有其他的求学途径，适用于不同需求的家庭和孩子。

其实所有的孩子都是种子，将来有的是参天大树，有的是五颜六色的花儿，有的是能结出可口浆果的灌木……他们未来是什么样的，取决于现在的选择和努力。我们能做的，就是帮助他们选择适合自己的成长方式，陪伴他们长成他们自己的样子。

感恩，女儿送的大雁

童蒙养正方面，女儿也有些故事。

有一次，她神秘兮兮地送了我生日礼物——一只用布制作的鸟。我正琢磨呢，你送只鸟是什么意思呀?

女儿认真地说：“妈妈，这是大雁，我想让你像这只大雁一样飞得高高的。”原来，我见缝插针地学习，挑灯夜战的辛苦，她都看到了，我当时就感动到流泪了。

女儿曾协助夏令营做助教，得了两千元奖励。这可是她的“第一桶金”哦。她拿出一部分小心翼翼地包好，郑重地递给我，还有点儿害羞：“妈妈，谢谢你这么多年培养我，这是我的一点儿心意。”此外，她还分给了其他几位亲人，说他们都对她很好，会照顾她、帮助她。

感恩心的培养，我们也是从一点一滴做起的。当女儿帮我后，我说“谢谢”时会告诉她“为什么谢谢她”；别人或我给女儿帮忙后，我会提醒她及时说“谢谢”，并用劳动或礼物回馈。我们总是对亲人的帮助习以为常，所以对亲人说“谢谢”时，起初我也羞于开口，但慢慢就习惯了。

光说不算，做到才算，但从“知道”到“做到”，需要时间和耐心。陪着女儿成长，我也在成长。

“桃李不言，下自成蹊”，身教胜于言传，想要孩子成为什么样的人，我们要先做行动上的榜样。

这一路走来，诋毁不少，嘲笑也不少，遇到困难没有可以照搬的经验，全靠自己钻研和女儿的扶持，踩了不少坑，家庭教育才渐渐有起色，也才有了感恩又努力的女儿。其间的甘苦别人不知，但是女儿看在眼里疼在心里，值得了。

后记：

每个孩子都是独一无二的个体，每个家庭都应寻找适合自己孩子的教育方式。我在对孩子的教育模式的探索中，看到了平凡的自己了不起的地方。

数十年在教育方面的深耕细作，我非常了解家长在社会、学校、家庭中面临的困惑。如何将三者结合，取长补短，为天下学子探索另外一条路，传承和发扬老祖宗的智慧，也是我努力的方向。

【主编的话】

父母是弓，子女是箭。正人先正身，教子先教己。

学业成绩是孩子成长的冰山一角，冰山下面才是他们的支点，那便是心与身。

教其心，育其身。言传身教树榜样，和风细雨沁人心。

允许孩子做孩子，允许自己做自己，让我们与孩子彼此成全吧！

姓名：丁捷
城市：北京
身份：中医百年老字号“颜良济”传承人、过梁针文化传承人
个人愿景：天下无病。

丁捷：知天命，日日新

看见了不起的自己：天命不惧

真正的“知天命”，需有一种“我命由我不由天”的魄力，
以及“不知命，无以为君子”的豁达。

“天命之谓性，率性之谓道，修道之谓教。”《中庸》讲出了人的本性是天命赋予的，按照本性行事就是遵循“道”，修行本性就是传授教化。当我们在茫茫尘世里摸爬滚打一身风尘时，不妨回首生命之初，静下心来审视自己生命本原中的特质，也许在这灵光一闪中就有着“天命”的标记。

“天命”的启蒙

我出生在20世纪70年代初，因为父亲大学毕业后被分配到天津近郊的静海文化馆，所以我从小就跟着他在文艺圈混。谢添导演拍《甜蜜的事业》时在天津看到我，说他准备推荐我到石晓华导演的《泉水叮咚》剧组去做男一号，但妈妈出于某种原因，没同意我去。

因为父亲，我与科教文卫系统的很多老师都有密切的交集，对我影响最

深的是中医药类。

六七岁时，我住在天津中医学院（现天津中医药大学）里，与学院的教师、教授天天碰面。有一次，我踢球出汗被风吹了，头像钻孔一样疼，甚至眼睛都不能转动了。于是爸爸带我去找了针灸系主任刘白雪教授。老太太让我坐在旁边，跟我老爸聊天时摸了摸我的头，然后交代见习生半小时后行一下针，我才知道头上已经不知不觉被扎了5针。当时我就震惊了，因为我爸也算针灸高手，也曾经给我们施针并教我简单的针灸技法，但刘白雪教授这种手法我完全没感觉到。半小时后，我的症状完全消除，更让我觉得这位胖乎乎的老太太针灸技法出神入化，她也因此成了我的针灸启蒙老师。只可惜我年少贪玩，到高中还是普通的针灸师水平。

人生兜兜转转

因为祖上行医，所以母亲很希望我继承衣钵。但我在青春期看了《罗马假日》这部电影后，只想从事男主角的职业——记者，于是义无反顾报考了中国新闻学院。毕业后我先做了记者，后改做新闻编辑。

2000年，我到法国深造。在异国他乡，我发现我那一点点中医药知识和医学常识居然很受欢迎，甚至在当地华人圈被误认为“华佗再世”，为此我沾沾自喜了很久。

再后来，我回国创业，从风生水起到负债累累，努力还债……一切都像梦一样。

2019年，我遇到了另一位针灸师父，一位民间高手——70岁的袁老太太。

那次看到老太太出诊，我不经意说起曾经学过的针灸与她的针灸有些差别，老太太随口问我要不要尝试。我就趴在治疗床上被秘传的“过梁针”（盲针）通行了十四经，那简直是一种在电光石火中内观自我的场景，于是心服口服的我开始跟师父学习民间秘传的“过梁针法”。

可能是冥冥中的安排吧，兜兜转转又回到了我起初的爱好和钻研。2021年，机缘巧合下，我被上海市政府根据祖上留存的信息认定为中药百年老字号“颜良济”国药号的传承人。也许我的天命大概从开始就被注定了——做一个济世救人的医者。

回归天命

古人说：为人父母者，不知医是为不慈；为人子女者，不知医是为不孝。自古以来，医书是读书人绕不过去的读物。范仲淹年轻时树立志向“不为良相，便为良医”，后来这个理想成为无数有志之士的共识。名医与名相，细想来其道也是相通的，治大国若烹小鲜。

据传商朝开国贤相伊尹亦有《汤液经》传世，成为经方派的滥觞。名医、名相在工作中皆需权衡轻重，调制内外。按照中医的观点和视角，医者对待患者也如当政者一样，要统筹调度以应其变，因此学习一些中医知识，了解一些中医理论，能让我们在纷繁急躁的当今社会放下零碎的信息，抬起头，仰望星空，静心思考一下人生。

当我静心回忆时，过往的历程似乎都在为今天的选择做准备，即使曾经失落、迷茫、痛苦、彷徨……也不过是散去的烟云，通往天命之路的金光大道终将显现。

天命让我意志坚定，无论经历什么样的苦难都不会打垮我的信心，即便偶尔怀疑过自己，也很快就会再次坚定下来。似乎远方有一盏心灯，一直引导我们前行。对，天命是个很有趣的东西，似乎有一种神奇的力量在驱使着我们朝那个方向去。人们常用各种方式来测算命运轨迹，星座、属相、子平、紫微、七政……但这些貌似神准的预测无非是“人命”。**当我们感受到“天命”时，通常意义的轨迹似乎已经发生了一定程度的时空位移，我们不再受日常生活的羁绊，不再彷徨于世俗状态的胁迫，从内心会升起义无反顾的从容与淡然。来了就是来了，不需要困惑，也不需要犹疑，从心所欲地去做该做的事情，有一种“虽千万人吾往矣”的决绝，也有着“也无风雨也无晴”的潇洒。**

由此看来，“医世人之疾”注定了就是我的天命，也使我的人生再次起航。

【主编的话】

何谓天命？不考虑钱，不考虑结果，让你念念不忘、一定要做的事。

当我们知道自己这一生到底是为何而来时，便可以忍受生活加诸的一切。

愿你我在这热气腾腾的人间都找到自己的天命，不留遗憾。

姓名：陈玲
城市：北京
身份：内容版权专家、筑梦导师
个人愿景：成为美好的链接者、服务者、赋能者。

陈玲：主角人生，全凭自己

看见了不起的自己：角色入戏

每个人都是生活的主角，演绎着各种角色，经历起起伏伏的剧情。我们既是导演，也是演员，塑造着自己的人生轨迹。

莎士比亚曾说过："全世界是一个舞台，所有的男男女女不过是一些演员；他们都有上场的时候，也都有下场的时候，一个人一生扮演着好几个角色。"

"最好的戏剧也不过是人生的缩影。"人生如戏，人们都要入自己的那一场戏。

回望我的过往，从童年到中年，从学校到职场，不同的人生阶段，虽没有经历大起大落，也没有高光时刻，但内心总有一个响亮的声音传出来：看见自己，找准定位，角色入戏很重要。

一串葡萄，是酸甜的牵挂和祝福

我的老家在鄂东北的大别山腹地，那里有刘邓大军战斗的痕迹，叫"红色革命圣地”；那里还有自然生态天然氧吧，也叫“绿色旅游胜地”。

从红色中走来，在绿色中崛起，是家乡自我发展的轨迹。我出生那会儿家乡还是穷乡僻壤，交通很不方便，改革开放的春风也刚吹过去没几年。

我是家里的第二个女娃，拥有温暖幸福的家庭。我的父母家人们接纳我，关爱我，培养我。人们常说，幸运的人一生都被童年治愈，从这一点来说，我是幸运的。

在日出时辰来到人世的我，从小就有着“小太阳”的特质。我总被人夸赞：“这姑娘有礼貌、会讲话……”夸着夸着，我就能更加自信地与各种人找到话题，轻松地建立联系；也总是能听出别人的需求，给人以回应或鼓励。学生时代，保持这种热情让我得到了老师和同学很多的信赖，但直到参加工作之后，我才慢慢意识到这种特质不是人人都有，它让我在与他人交往的同时得到了精神层面的富足、物质层面的自足，看见自己的同时也照亮了他人。

我第一次离开家乡是去石家庄上大学，一路由父亲陪着。

父亲送我报完到、帮我办完入住宿舍手续，我们在陌生的大学校园留下了几张疲惫的合影后，他就匆匆返回了——他连着两个晚上都会在火车硬座上度过。

我心里很不是滋味，心疼父亲将要忍受疲惫和不舍，惶恐于自己即将面对未知、迎接挑战。

父亲在通往火车站的天桥上买了两串葡萄，留给我一串后嘱咐了我几句，就头也没回地踏上了归程。因为太匆忙，我连瓶水都没给他买。我以为那串葡萄是他给自己充饥解渴的，心里才略感安慰。后来才知道他带回去让亲人们尝鲜了。因为老家的山区有很多野果子，但没有这样大串的葡萄。

我们都没回头看，但我们都满眼泪水。父亲把担心和祝福深埋心底，故乡的山山水水、亲朋好友浮现眼前，我则把牵挂和想念化作前进的步伐。

多年以后，那串葡萄一直陪我奋斗在酸酸甜甜的成长路上。此后，我一路向北，本科毕业考到北京读研，硕士毕业后进入职场，再结婚生子，现已定居北京，一直从事着自己热爱的工作。

那串特别的葡萄是酸的牵挂，更是甜的祝福。无论走多远，故乡一直是我奋斗的动力，亲人们的爱和淳朴不仅是我灵感的源泉，还帮我定好了做人做事的准则。故乡不富有，但勤劳善良；故乡不便利，但脚踏实地。感谢故乡，赋能我走出大山闯天地的勇气和明确目标应对挑战的底层能力。

这些底层能力除了冰面以上的知识、技能和行为外，更重要的是冰面以下需要内求挖掘的潜能，其中就包含自我认知、性格品质及与人沟通的能力（统称情商）、思辨力、学习力、内驱力和执行力。有了这些认知，在独立走入自己的人生剧本的时候，会让你更好地找准自己的角色定位，应对起来更有底气。

一份事业，恰好实现热爱变职业

如果用“又红又专”形容我的学生生涯，那么“绿色健康”就是我的职业生涯。

我天生具有小太阳的特质，给点阳光就能灿烂，自己灿烂还不忘照耀他人。加之对于个人底层能力的自信，在毕业择业的时候，我权衡《人民日报》新媒体采编岗和中文在线数字出版内容版权岗两份offer（录取通知）后，选择了后者。

采编能发挥我链接方面的特质、延续写作习惯，但我不认为把写作当作职业来规划是最适合我的。回想起来，我是在高考填报志愿头一晚将第一志愿经济学改为编辑出版学的。

主动修改高考专业志愿，又不想把写作当职业，还敢拒绝《人民日报》的工作机会……我是不是傻？我也曾在迷茫时扪心自问，但回顾走过的路，都能对得上初心，所以我依然坚信人生走过的每一步都算数，都是当时最好的选择。

填报志愿当天，曾将我的随笔日记本据为己有、拒不归还的好朋友突然带着本子找我聊天，说上大学后再见面不容易，不能把我心爱的东西私藏了。

这句话突然点醒了我：**你的热爱到底在哪里？**

我是一个热爱文学、钟爱文字的人。

于是我放弃了咨询老师和征询家长建议后填的经济学专业，改填了编辑出版专业。

4 年编辑出版学的专业学习，除了编辑专业课以外，我还系统学习了中外文学史、汉语言基础等中文相关专业知识，毕竟编辑以“杂家”立身。但说实话，现在还能熟记的理论知识已经不多了，应用课程相对理论课程则有趣得多。

当时，我早早地投身校园社会实践，和同学一起创办并经营校园新锐报纸，担任主编主持编辑部工作，协同引入广告，首次实现校内读物自主运营，并推动了这份报纸在其他周边高校的推广发行。这是我印象中最深刻的校园实践活动，没有之一！

这次实践带来的收获比考试成绩优异、拿奖学金更让人记忆深刻，它的影响是积极而深远的。版面策划、实地采访、写文报道、组稿审稿、编辑校对、广告赞助、排版印刷、择机投放等全流程的参与，充实了课堂之外的大学生活，也惊艳了曾经美好的校园时光。

我没有因为办报而停止练笔，也积极参与校内外各类征文比赛，获得过省级一等奖。

那是 2007 年，“和谐号”列车刚刚开通。在回乡的列车上，我见证了一位因为归心似箭而宁愿选择站票的大叔的艰辛，也在他极度疲惫之下给他让座一小段。这段经历后来被我用在了一次省级征文大赛上，没想到获得了不错的成绩，受到了关工委领导们的关注，还发表到了省级刊物上，我也因此作为大赛获奖优秀选手公开做过创作分享。

省级比赛获奖给我带来了“写作能使人享受荣耀和光环”的初体验。从记录生活点滴到有意识、有主旨地去创作，此后我在生活里处处留心，笔下总能灵感爆发、步步生花。

从写作爱好到大量阅读，从自己输出到辅助他人输出，能打动人的文字，我总结下来有几个共同点。

第一，真情实感。情，总是动人的，亲情、爱情、友情、家国情……但如果不能用真心去描写，读者就不能感受到“实”，就没有代入感。

第二，立意新奇。所谓立意，就是作者的构思设想、写作意图及动机等。一个好的立意，在写作之前就需构建好。立意不等于说教，它很考验一个创作者的功力。

第三，细微之处。文字的魅力，不在于辞藻华丽。一篇好文章，能让人记住的往往是一个特殊物件、一件有亮点的事，以及它传达出来的动人点。

第四，方寸之间。这里说的是写作选题大方向。做人讲原则、讲尺度，写文章也一样。国家政策、伦理道德、公序良俗等范围内正常可表达的，就是方寸。

对文字的钟爱，代入到我在中文在线集团十余年的版权工作中，帮助我挖掘了很多好作品。比如，电影编剧、女性写作代表作家赵凝的《锦上花》，热血军旅草根作家白航的特种兵题材《弹壳》，学者型作家罗宏的长征题材作品《骡子和金子》，职业作家、编剧周梅森的现实主义反腐题材《人民的名义》，等等。

我合作过上千位作家，经手了几万部作品，有的顺利首发，有的成功改编，有的成为爆款，也有的成了畅销精品。

从版权原创价值的角度来说，工作中我是一视同仁地珍重每一部原创作品的，恨不得帮助每一部作品找到亮点，做最大程度的开发。但从版权运营平台的角度来说，评判一部作品生命力的维度有很多：作品的基础实力、作者的宣发配合度、读者的认可度、是否具备其他改编延展的可能……在诸多维度的综合评判下，最后市场数据就会印证那个“二八”铁律，榜上有名的永远是小部分。

但没有上榜的那些大多数不是没有价值，正是这些发着微光的“八”托起了那些站在光里的“二”。因为认识到了这一点，在工作中我时常将这样的理念传达给我的合作伙伴，所以有效地促成了很多合作，即使不能合作的，我也会真诚地给出意见。其实大多数人都对自己或自己的作品有比较清晰的认知，缺的就是一个肯定或一句鼓励，简言之，就是“被看见”。

直至现在，我依然虔诚地先把自己当一个读者，尝试进入作品，理解作者；

然后才是以内容版权工作者的视角，去预判一部作品的生命力。跟作品结缘，让我能一直保持对所从事职业的激情和热爱，于是就有了一份很适合我的事业——致力于成为内容版权专家。

认准了这个角色定位，我又一次成了幸运的人。我在参加工作之初就有机会在人民大会堂和诸多文学殿堂金字塔尖的作家进行联谊互动，以一种内容、多种形式的全媒体同步运营开发视角帮助作家们去梳理自己的作品版权、传播作品价值。

有人说，要成为专家，得越老越吃香。但在做内容这个行业里，经验阅历固然重要，敏锐度、专业性和是否愿意成就他人更重要。

保持敏锐度。我选择不断学习、融入青年，从新兴事物、新兴群体中不断吸取营养。

保持专业性。我坚持在一条主线上精进，并且不断探索新的业务场景，创新商业模式，唯一保持不变的是挖掘好内容的初心。

成就他人的意愿。我坚信先利他而后才能利己。

前两年，我策划了线上文学青年训练营，担当讲师之一。这个过程中，我结识了很多爱好文学、相信文学素养能滋养人的一生的学生、友人。

后来我与几位志同道合的青年协同落地了第一个团属青年文学组织——北京青年文学协会，吸收和培养更多有志向的青年才俊，也为更多人提供知识服务，传播文学素养、写作价值、文化体验。

一个定位，锁定角色来释放微光

现如今，我已从文学青年变成了文学青年兼二宝妈妈，也曾面临工作与家庭如何兼顾的极大挑战，特别是当理想与现实不能平衡时要如何调整、怎么自处。毕竟，人生不可能十全十美。好在总有那么多爱好写作的人在互相激励，彼此影响着。

一次，一个学员在线上跟我视频，说有人能跟她聊聊文学，觉得特别亲切。自己在一个小地方朝九晚五，回家就是柴米油盐、相夫教子，只有在阅读和写作时才能感觉到自我，不至于内心孤独，才觉得灵魂是充盈的。

还有一些“北漂”青年，努力工作的同时，深夜做自媒体，发公众号文章，有的就是记记流水账或赋诗几首发发感慨，有的在自己喜欢的小说类型方向上不断练笔，积极回复每一条评论和留言。还有一些人勤奋地更文，不为别的，就为一份网站全勤奖的福利礼包，能给自己每月痛痛快快地加几顿大餐和鸡腿……

我们清楚地知道，有的人或许能有写作大成就，成为金字塔尖上的幸运儿；而绝大多数人可能根本发表不了作品，但他们终究能在某一个失意落魄的夜晚，想到文学的陪伴、文字的救赎，能通过捧起一本书或书写一段文字来缓解自己，不与现实为敌，能与自己和解，亦不枉偏爱文学一场。

当下的网络时代，信息量极大，内容五花八门，但其实正在将Z世代的青年们圈养在一座座信息茧房里。总有各种事件在带着传播节奏，使得人们缺乏对真相的全面了解；有着我行我素处事作风的“网生代”们，又有着对社交媒体的强烈需求……带着这些观察和思考，结合我热爱的内容行业，我想将曾获得的“北京新兴青年筑梦导师”这份荣誉延续下去，通过身体力行，赋能青年，让大家记住我这一身份——“筑梦导师”。这个身份就是对我自己被看见的一份认可，激励着我前行。

文学编辑、版权专家、筑梦导师，这些角色融合在一起，将产生极大的赋能，使我不仅能筑自己的梦，也能为他人筑梦。

用文字书写自己或他人的故事，可以纪实创作，可以小说虚构，也可以剧本化，除了出版成一本书，还可以开发成电子书、有声书、短视频等，或者改编成剧本进行影视化或剧本游戏，视听一体＋娱乐体验，人人都可以是自己人生剧本的创作者、演绎者。过程中的角色提炼和入戏体验，最好能沉浸其中不出戏，在恰当的时候做最好的自己，把握好当下，不念过往，不惧将来。

一首《孤勇者》火遍大江南北，老老少少都能唱上几句。“谁说站在光里的才算英雄”，道出了多少人不甘平凡的心声，谁都希望被看见，哪怕是微光。

人生苦短，做好自己已不易，找到同频的人已经很幸运，被更多的人看见就更难了，但是只要努力，凡事皆有可能。

我的座右铭：

先利他后利己，能量蓄势待发，快乐水到渠成，微光终能照亮灯塔。

后记：

受金矿理念的感召，让我觉得有三件大事可做。

一、让有光的人站在亮处。不吝惜对他人的欣赏和赞美，光的旁边总有微光，微光聚集之处就是光亮所在之处。光与光环的连接，往往就在不经意之间。

二、让有梦的人都敢去追。世界不缺乏有梦想的人，但敢于追梦的人才是勇敢的，才是成功者。看再多别人的追梦故事，都不如自己行动一回。

三、让平凡的人不再平凡。人人生而平等，没有人注定不凡，也没有人一无是处。加入内求生发的队列，逐渐找到属于自己的不凡，经历一场修行、一次成全。

【主编的话】

人生犹如一张地图，必须找到目前你所在的位置并确定最终的方向，才能描绘出一道清晰的生命轨迹。

找准自己的定位，努力做自己擅长的事，发自己的光！

姓名：柴晓庆
城市：北京
身份：中国注册会计师、注册税务师
个人愿景：父母陪我们长大，我们陪父母变老。

柴晓庆：您养我小，我伴您老

看见了不起的自己：爱的陪伴

父母子女一场，最好的关系就是相互成全、相互陪伴。

开篇语：

爱是最恒久的连接，永不改变。

——亚里士多德

爱是无声的语言，是责任，是延续，是守护，是一代一代永恒的接力。父母陪我们长大，我们陪父母变老。无论你有多大，无论你走多远，也许最幸福、最美好的时光莫过于和妈妈在一起的时光。

一直想记录我和家人的故事，于是想到了爸爸。

2022 年，我的孩子们在夜里出生了。我们躺在美国一家医院里，冷气冻到我荨麻疹复发。我被为人母的喜悦激荡得无法入眠，那一刻特别想爸爸，于是在心里跟他说了很多，把“我也有孩子了”的喜悦跟他分享了。

2023 年春节，我们一大家子在青岛过年。我难过得翻来覆去睡不着，只能在心里跟爸爸说大家庭的状况，我想爸爸在天之灵一定也会挂念我们吧。

人生第一堂生死课

我有三个姐姐和三个哥哥，父母生我时年纪比较大了。

1997 年春节前，爸爸因脑梗住院了。当我们都以为爸爸已经挺过来了时，有一天，三姐来学校告诉我“爸爸走了”。

那一刻，我好像灵魂出窍了。直到在太平间再看到爸爸，我才相信他再也不能回来了，那种撕心裂肺的痛与无助，20 多年后想起来依旧心痛得厉害。

人生的第一堂生死课来得猝不及防，我开始明白“生命有限”——没有永远的陪伴，我们永远无法预知下一刻会发生什么。我真正理解了“子欲养而亲不待”的无奈与痛楚，彻底改变了对生命的看法，学会了珍惜所拥有的一切。

一夜长大

爸爸去世后，妈妈就是我的天了，她像一堵坚实的墙一样让我依靠，直到有一天……

2009 年，妈妈 70 岁，做了人生中的第一次手术。到现在，她已经历 4 次手术了。每次我都云淡风轻地安慰她，其实心里特别怕，但再怕我也不敢让妈妈发现，因为现在我是她的墙了。

这 4 次手术次次节外生枝，所以每次都要额外签下很多文件。每次我拿笔的手都像有千斤重，每写一笔都会耗尽全身的气力似的，好像妈妈的命就在我的一笔一画间。欣慰的是，哪怕是最艰难的时刻，我也一分钟都不曾离开过她。

2009 年的夏天格外难熬。

那年 6 月，正在济南出差的我接到三姐的电话时，心像是漏了一拍一样。三姐说：“妈最近总头晕，有好几次晕倒什么都不知道了。你嫂子带妈去市医院检查拍了片子，说是双侧颈动脉狭窄，一侧 80%，一侧 85%，要做手术，你哥他们准备让妈住院了。”

我听了简直像五雷轰顶，那么健康乐观的妈妈，怎么突然就必须做手术了？什么是颈动脉狭窄？危险吗？可以保守治疗吗？这个病是怎么得的？动手术有多大的成功率？会不会是三姐弄错了……

我脑子乱乱的，但有一点特别清晰——妈妈要到北京做手术。然而，三哥强烈反对，因为要多花钱，而且我一个人怕是照顾不过来。我第一次非常强硬地说：“必须来北京做手术，我来照顾妈妈！”

从没跟医院打过任何交道的我，硬着头皮找人咨询、网上搜索……大概明白了这病是什么症状、什么原因形成的，哪个医院和哪个大夫权威，又千难万难地挂上了协和西院的血管外科专家号。我当时只觉得北京医疗资源好，想在能力范围内给妈妈最好的，却没想到歪打正着地救了妈妈。

妈妈来时我惊呆了，天哪，那个瘦瘦的怯生生的老妇人就是妈妈？记忆里的她多好强啊，走路都不让人扶，现在居然主动让我搀着，走路都走不稳似的。我心疼地带着她挂号排队检查完，又历经一两天的等待后，终于住进了西院住院部的单间病房。

妈妈的主治医生李主任是我见过最有耐心、最负责任的医生，除了抽血化验及 CTA（CT 血管造影术）、TCD（经颅多普勒超声）等各种器械检查之外，李主任每天查完房都要过来跟妈妈聊几句，让她做一些简单的动作，诸如双手平行伸直、握拳松开、慢慢走路等，后来我才明白这是对妈妈的另一种检查。

几天后，李主任找我详细说明了检查结果，分析了病情，给出了他的判断——综合评估下来，他认为妈妈不是颈动脉原因导致的晕厥，建议转到心内科做进一步检查，排查心脏的问题。正是因为他的精准判断，我们才及时转到了安贞医院心内科，4 天后妈妈确诊了冠心病。

手术当天早上，妈妈怕我们担心，坚持步行进了手术室。支架手术很成功，直到见到妈妈虚弱的笑容后，我一直悬着的心才放了下来，才敢庆幸自己的坚持是对的，才百分百确信之前真的是误诊了……

我一直是大大咧咧的人，天塌下来也不会影响我的睡眠，但进医院的第一夜我失眠了。

那一夜，我突然长大了。

雕刻时光

时光时光慢些吧，请容许我慢慢陪妈妈变老。

爸爸去世后，我加倍珍惜陪伴妈妈的每一天。

想妈妈之所想

妈妈年纪越大，我越能体会到“老小孩”的含义，也越能体会那一句“每一个妈妈曾经都是小女孩”了。妈妈努力去接受和尝试那些从前不愿意或者因为各种各样的原因不接受的事物，想方设法去融入我们的生活。我看着她那么努力又小心翼翼的样子，开心又不忍。她学东西很慢，那为什么我不努力带她融入呢?

以前过年，除了妈妈，全家人都有新衣服。小小的我还问妈妈：“为什么没穿新衣服？”妈妈说假期在家不穿，上班再穿。等我们都有能力给她买新衣服了，她却舍不得我们花钱，去商场也不肯试穿，一问价格就说根本没看中。其实她对衣服的喜爱与渴望早就被我看出来了，但我绝对不能买，买了她就生气，劝多了也生气，是真生气。让店员假装降价根本行不通，因为妈妈年轻时在供销社工作。

于是我逛街前就跟妈妈聊天，让她慢慢理解我们想回报她的心情，也理解我的孝心。随着年纪的增长，妈妈的体力不及从前了，逛街时间短了满足不了她自己挑选的要求，时间长了她又有些吃不消，偏偏她生来要强，累了也从来不肯承认“想休息”，只能由我来跟她“斗智斗勇”了。

现在，我一开车到商场，第一件事就是说：“妈，我渴了，咱们去喝点东西吧？”或者说：“妈，早上出来有点早，咱们喝杯咖啡提提神吧。”这样妈妈会因心疼我而同意休息。虽然她嘴上说“怎么一出门不是渴就是饿呢”，但因为这个提议也可以缓解她的疲惫，于是乖乖地去了。

当银发的妈妈端着一杯拿铁或焦糖玛奇朵时，年轻人总会侧目，我想可能他们也在羡慕我们吧。一杯咖啡下肚就能开启我跟妈妈的购物之旅啦！妈妈会满心欢喜地一层层、一家家店铺地走下去，有中意的就会像个孩子一样得意地指给我看，然后我要认真帮她选择对比。

妈妈的衣物首饰以及各种日用品都由着她的心意选，尽管网购极发达，但逛街的乐趣和亲手挑选、试穿的乐趣更适合她。我也会带她去给我挑东西，故意跟她唱唱反调。其实我们都很享受给对方意见，尝试着说服对方接受自己观点的这个过程中的快乐，远比真的买了什么更重要。

在那个当下，我只陪妈妈，像陪孩子一样专注。走走逛逛再试穿，等我感觉时间差不多了就说："哎呀，妈，我饿了，咱们去吃饭吧。"这时她就会唠叨几句："怎么这么多事儿？"但立即就会心疼地说："饿了咱们快去吃饭吧。"

经验告诉我绝不能直接问："妈妈，你饿了吗？渴不渴？要不要喝点什么？"那样百分百会被拒绝的，因为她会觉得给我添了麻烦，浪费了我的时间，或者打乱了我的计划，哪怕她当时确实饿了、渴了，也会坚定拒绝。

但是，因为我是她的孩子，所以只要"我需要"，她就会爽快地陪我去做任何事，这就是妈妈的心。

寻找妈妈的喜好

妈妈越老就越担心成为我们的拖累。

北京和故乡各方面差异很多，因为病痛需要照顾而被我接来的妈妈，离开了熟悉的环境、熟悉的人和事后无所适从。对她来说，日子变得无比漫长，从前还能出去买买菜、逛逛街，可是随着年纪的增长，以及我工作变化而在偌大的京城搬来搬去后，她唯一的乐趣也被剥夺了——像一棵大树，被外力从熟悉的土壤上拔走移栽后蔫蔫的。

因为妈妈很容易压抑自己的需求，所以我只能花时间尝试和揣摩，后来发现她的兴趣或者说动力在于“自己还有用”——能帮忙做事，被我们需要。

都说“孝顺”最重要的是“顺”，所以我不会直接跟妈妈讲大道理，而是挖空心思创造需要她帮忙的小场景。比如有时候我就说：“妈妈，办公室太乱了，这两天事儿多，我顾不上收拾，帮我整理一下吧？”于是，妈妈就会开心地陪我去上班。

上班时，我一抬头就能看见妈妈戴着老花镜，端着茶认真地看我的照片；或者眯着眼笑嘻嘻地看着 iPad 里早已根据她的喜好下载好的电视剧、各种综艺节目。午餐呢，我就陪着她边聊天边吃外卖。当然，我也必须找些诸如收拾一下杂物、整理一下书橱之类的活儿给她，不然她看穿了我的小伎俩，下次就不肯来了。

妈妈总是积极地去推婴儿车，即便孩子们能走能跑了，她依然喜欢推，车里放着孩子们的衣物、玩具、水杯等。哪怕是跟大家一起出去，妈妈也坚持要推，连助行器也轻易不用——她希望对我们有用。

我知道她的心思，所以要么安排她看着孩子们在安全的地方玩儿，要么让她给孩子们准备点水果，或者管一些孩子们的吃穿用度……她很享受这种被需要的感觉，做事时总是笑容满面。

全身心陪伴的旅途

2006 年，刚刚考完注册会计师的我回了老家。那时，我想带妈妈出去走走，但没什么积蓄，最后在三姐的资助下，我第一次带妈妈去旅游。后来，无论多忙，我都会雷打不动地带妈妈旅行，这成了我家的一项仪式，也成了妈妈日常里的小期待。在每一段旅程里，我都会放下一切陪妈妈。如果有非处理不可的事，就等妈妈睡着后处理——这一刻，没有什么比我们相互陪伴更重要。

自 2006 年起，除了新冠肺炎疫情 3 年外，每年我们都会到处走。我们已经去过十几个国家和数不清的城市了，彼此都很享受只属于对方的时光。

当我发现妈妈对我在雪山上的旅游经历很感兴趣后，2018 年我带她去了瑞士。那天我们坐着彩虹小火车上山，恰逢降雪，天气并不好。可能老天也想成全我们吧，幸运的是小火车在中转站停运等候时雪停了。我们终于如期登上了著名的少女峰，山顶风大且极冷，虽然只停留了一会儿，但妈妈满足的笑脸让我觉得一切都值了。

每次出去旅行总有人夸妈妈好福气，夸我孝顺，妈妈特别高兴，我也格外开心。第一次旅游，我们跟团走了华中五市，那时妈妈步履轻盈，行李也很少；现在呢，我每次出发前都要例行去给妈妈做检查，请给她做过手术的医生们给一些专业建议，需要携带的东西从衣物到日常用品再到药物，清单越来越长，行李也越来越多……

我们从不跟团也不请导游，看到什么风景、了解多少人文不重要，重要的是我们一起看了不同的风景，一起体验了不同的生活，一起见过形形色色的人和奇奇怪怪的事，一起拥有了更多的回忆。

渐渐地，因为身体原因，妈妈不得不放弃一些地方，每次出门的准备工作也越来越多。在旅途中，我总是时刻用照片记录下她的笑容，做大量的攻略以便给她讲解，整理照片，总结行程，给她保留独一无二的专属记忆。妈妈时常翻开那些我为她做的相册和旅途游记回味，那些照片、图片、门票、文字等都用自己的方式帮她把美好的记忆留存下来，也成了她跟人谈论的资本，她乐在其中，我也快乐。

这些年来，我们一起走过了万里路，见过了众生相，妈妈更愿意接触新鲜事物，接受新的生活方式了。

彼此生命中特殊的朋友

妈妈关注的都是陈年往事，而我谈论的总是外面的世界，无论我多努力迁就着不打断她，但是次数多了两人都兴味索然。

为了创造属于我们的话题，我带妈妈去品尝各种美食。我们一路吃，从各种菜系的中餐、小吃到西餐，从越南菜、泰国菜、韩国菜，再到日料以及其他各种可能尝试的风味。我惊奇地发现，妈妈作为一个地道的内蒙古人，居然深爱海鲜，酷爱咖喱蟹，喜欢偶尔食辣，爱喝汤，不喜生食，不喜日料。

我会带着妈妈去看电影，看话剧，看戏，看二人转，听相声，看展览……在看了各种风格的片子和剧目后，最后发现妈妈喜欢听黄梅戏，尤喜《女驸马》《天仙配》；爱看北京人艺那些经典的剧目，爱看《茶馆》《天下第一楼》《窝头会馆》这一类曾经有过记忆的剧目，喜欢蓝天野、濮存昕等她曾经熟悉的演员。

我会带妈妈装乐高，拼图，玩鲁班锁，给她买简笔画、水毛笔、她喜欢看的书。征得她的同意后，我带她参加我的同学聚会、论文答辩和毕业典礼，跟我一起上课、一起游学……于是，我周围的人都认识了我妈妈，她也很开心认识大家。

以前妈妈是围着我们转的，现在我帮她为自己而活。这些年，妈妈见证了我的成长与变化，我也陪伴妈妈一起接受并抵抗衰老，这是属于我俩的相处方式，独一无二。

渐渐地，妈妈肯开口让我为她买东西了，愿意跟我讨论一些老人忌讳的话题了，比如生老病死、身后事的安排与处理等。渐渐地，我们聊得来的话题也越来越多了——我们是母女，更是忘年交。

天长地久

这些年，我在陪伴妈妈的过程中愈发懂得，最重要的是用妈妈的思维方式去考虑，用她喜欢的方式带她了解自己的生活，这样她才能更好地融入我们的生活。有时候，并不是她不愿意接受新的生活方式和事物，而是我们没有足够的耐心。

这些年，妈妈做了 4 次手术，甚至包括开胸的心脏主动脉瓣置换术。因为知道人生无常，所以一切能陪伴妈妈的机会我都不放过，多年下来，早已无法分清到底是我陪妈妈，还是妈妈陪我了。

陪伴是最长情的告白，而对父母，这份告白永不过期。

如果可以，我愿意奔跑得更快一些，快到超过妈妈衰老的速度；如果可以，就让时光再走慢些……

【主编的话】

妈妈赋予我们生命和能量却从不求回报。我们长大后到处奔波，一年相见的次数屈指可数。晓庆给我们打了个版，原来孝敬和陪伴父母可以如此高级——这便是允许妈妈做妈妈，帮助妈妈做自己！

看见了不起的自己

生命覺醒
愛的陪伴
家旺人旺
誠心誠信
善書善緣
日行一善
滿心歡喜

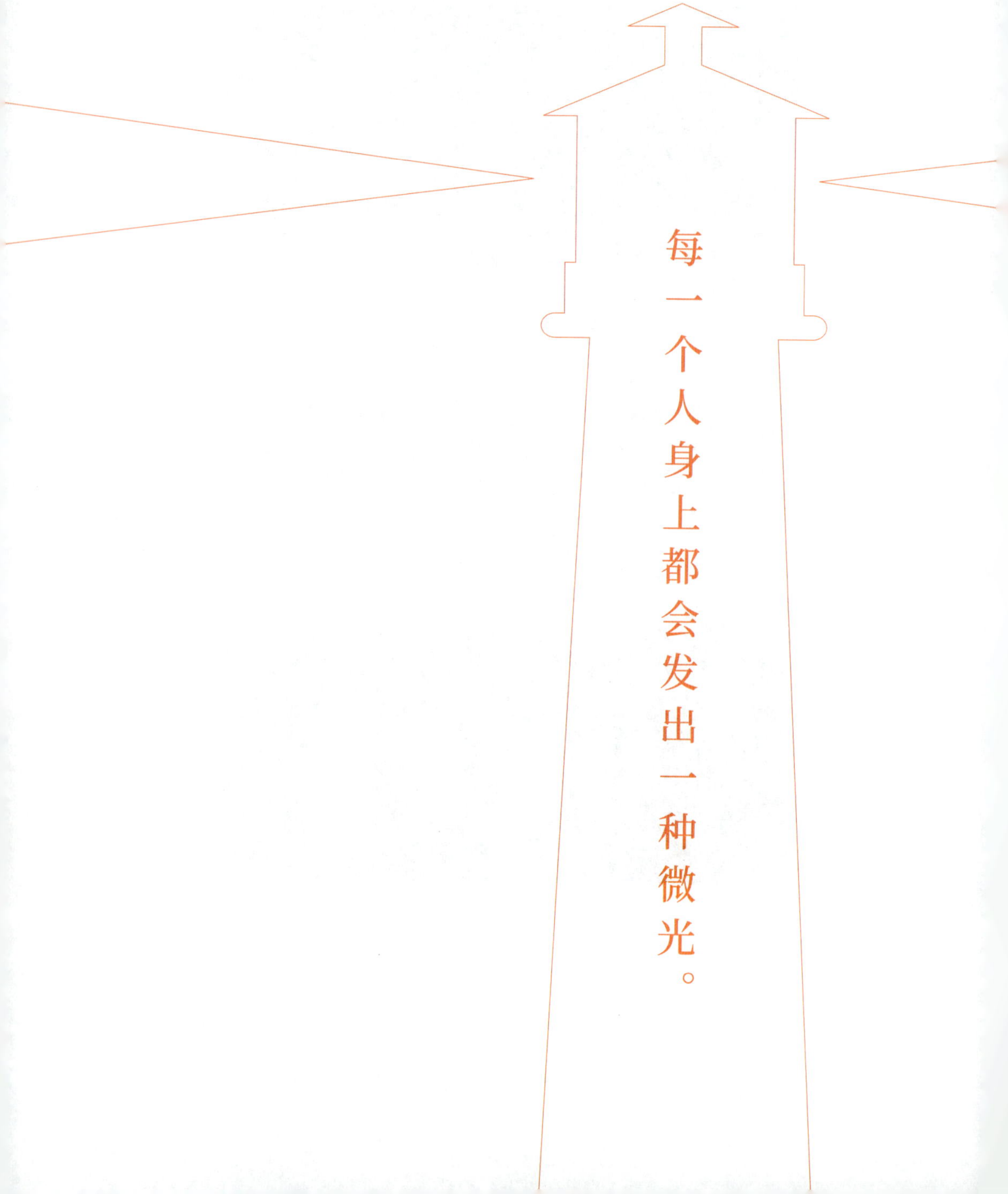
每一个人身上都会发出一种微光。

Chapter3

光芒篇

光芒，是一种微粒；光芒，是一种波动。
据说，每一个人身上都会发出一种光，
有黄色，有绿色，有红色，有橙色，也有灰色……
心有怎样的频率，就会发出怎样的光芒。
每一个人都可以发出自己的微光，去点亮希望，去温暖世界。

姓名：林翠峰
城市：广东湛江
身份：语文老师，湛江市中小学优秀班主任
个人愿景：当一位灵魂工程师，愿更多的人为留守儿童撑伞。

林翠峰：为留守儿童撑起一把伞

看见了不起的自己：为你撑伞

人生有时就像一场大雨，有人愿意为你撑伞，让你在风雨中不再孤单。
当有一天你光芒万丈时，愿你为更多人撑伞。

开篇语：

要像对待荷叶上的露珠一样小心翼翼地保护学生幼小的心灵，晶莹透亮的露珠是美丽可爱的，但十分脆弱，一不小心，就会滚落破碎，不复存在，学生的心灵如同脆弱的露珠，需要老师的倍加呵护。

——苏霍姆林斯基

每一寸土地都需要建设

伯母是乡村小学的语文老师，波浪短发，和蔼的笑容，看着她，总觉得倍感亲切。我从师范学校毕业后，她每个周末都邀请我去她家，从备教材、查资料、教学设计、课堂调控等方面结合具体课例娓娓道来，恨不得把毕生的教学经验都传授于我。

她与伯父（校长）初到那所麻雀小学时，只有几间旧瓦房孤零零地竖立在野草和荆棘中，甚至没有围墙。他们四处奔波，尽力筹钱办学校，与张桂梅老师一样，她也经历了种种拒绝，但她不放弃，带领师生除杂草、砌围墙，甚至在校园附近养猪。下课后，她就要争分夺秒地跑到田野里割猪草……办学过程的艰辛一言难尽，但他们始终为农村孩子坚守着。

我常常随伯母走街串巷动员孩子们回归课堂。没钱报名，伯母垫；家庭贫困，她就给孩子塞番薯、菜、面条；学生年龄大，照收不误……

伯母还是我小学六年级的语文老师。那时我们班上纪律极差，以班长为首的几名同学上课看言情小说，睡觉，大吵大闹，甚至欺负低年级同学，写匿名信恐吓老师与同学……但这些天不怕地不怕的孩子唯独对伯母服服帖帖，我一直没明白为什么。

20 年后同学聚会，班长这个铁骨铮铮的兵哥哥掉泪了："没能见邓老师最后一面，成了我一生的遗憾啊！邓老师病危为什么没人通知我呢……你们知道邓老师有多疼我吗？我从一年级到五年级，被老师批评责骂是家常便饭。我成绩差，常做坏事，老师都不喜欢我。只有邓老师选我当班长，教我如何当班长，鼓励我，表扬我。做错事，她没有骂我打我，只是笑眯眯地教我如何改正。她就像我妈妈，从来没有人这般疼我。"都说男儿有泪不轻弹，但那天他哭得一塌糊涂。

我这才理解伯母，她是一位真正心怀乡村孩子、充满大智慧的老师。她默默耕耘在基层教育的土地上，平凡而伟大。

为什么我对这片土地爱得深沉

后来，我也成了一名乡村老师。刚毕业时，我激情满满，学习成长，参加比赛，写论文……然而，因为工资微薄，很多同学选择到珠三角等经济发达的地区当老师，我也迷茫了。

"帮助一个孩子就是帮助一个家庭。你要用心教育每一个孩子，一个也不能落下。"伯母认真地跟我谈话，"这里的孩子比城市的孩子更需要你。"

后来，我选择跟伯母一样留在乡村，为孩子们撑一把伞。

然而，教育是个不仅仅需要投入大量时间，还需要投入真情实感与孩子们同频共振的职业，加上我在工作中屡屡受挫，却找不到自我成长的渠道，也渐渐产生了职业倦怠。铃声一响便上课，脚站麻了，嗓子讲哑了，心情烦躁了，越来越茫然。

2008 年，我在手术中昏迷了，经医护人员全力抢救才重获新生。经历生死后我突然豁然开朗了，这世间，除了生死，其他乱七八糟的，都是小事。

2011 年体检，我肾上查出来有个东西，如果它急速长大，不动手术的话，我就只有三个月生命了。三个月？我的小孩才几个月啊！那段时间，我整夜整夜地睡不着，泪水一遍遍浸湿枕头，经常天亮的时候还没合眼。睡不着的时候，我就与书相伴。白天逼着自己打鸡血般学习、工作、锻炼、听音乐……尽可能不去想太多。

正在这时，辍学打工的学生黄益民连续几天回学校找我。他看起来迷茫又憔悴，对我说："老师，您知道吗？最难受的不是生病，生病吃点药，躺上几天就能好起来。最难受的是没人看见我，没人理解我，没人告诉我什么是对的，什么是错的。爸爸妈妈是陌生人，熟悉的陌生人。我孤独、无助、迷茫的时候，多么渴望他们能陪在我身边啊。我遇到困难的时候，多么渴望他们能理解我、引导我，拉我一把呀！老师，谁能帮帮我？"

我听了无比震撼，泪盈于眶。是啊，谁能帮帮他，帮帮这些农村留守儿童？

李祁麟也是我的学生，他圆圆的脸上永远带着笑容，一双圆溜溜的眼睛炯炯有神。有一天，他没有完成作业被我留堂了。没想到，他竟然异常兴奋："老师，您如果天天留我下来，该多好啊！"

"为什么？"我特别惊讶！

"老师啊，我父母在外地工作，我没有爷爷奶奶。每天放学回家，孤零零一个人看着空空的屋子，我害怕啊。特别是晚上，老师，我想一直在学校，不想回家。"李祁麟委屈地嘟哝着。

那一刻，我心酸极了。我知道了，就算只有三个月生命，对他们这样的农村留守儿童来说，我仍是被需要的，那么我陪他们三个月也是非常有意义的，我是了不起的！所以，多活一天，多帮助一个孩子，我都赚了！

想开后，我全身心投入到孩子们的教育中去，和他们一起哭，一起笑，一起为取得的成绩欢呼……谁知三个月后复查，那东西竟变小了，而且是良性的，没事儿。

得知结果的那一刻，我喜极而泣，除了感恩上苍的眷恋，更感恩孩子们——我们彼此救赎，我为他们撑起一把伞，他们用信任和依恋帮我祛除了病魔。

所以，我属于农村，属于这片热土上的孩子们。余生，我将继续为农村的留守孩子们撑伞。

学习成长，看见了不起的自己

学习，让梦想插上翅膀。

在帮助孩子的过程中，我屡屡力有不逮。因为孩子们的问题总是与他们的家庭和父母有千丝万缕的联系，所以我像是孤军奋战，遇到问题又无人可以请教，常常迷茫而无助。

于是，2013 年开始，我走上了学习之路，走在行善的路上，渐渐地从一个人到一群人。

2013 年，我开始学习家庭教育，疗愈我自己，也疗愈家庭。

2021 年，任卫红教练的《改变人生的七堂课》唤醒了沉睡的我。任卫红教练引导我确定自己的目标：家庭教育。找到自己擅长的事：做班主任工作。如何实现目标，细化目标？先从帮助学生和家长开始。

2021 年，陈梓绮老师如一缕阳光，照亮了我的生命，引领我学习家庭教育，鼓励我坚持写作，学习青春期教育，把我从抑郁、愁闷、胆小、不自信中拉了出来，实现了勇敢的蜕变。

2022 年 7 月，我参加了王茹老师的出书训练营，开始写《为孩子撑一把伞——留守儿童教育手记》一书。跟随王茹老师写作是一种享受、一种蜕变、一种修行。

2022年9月开始，我参加了陈一筠老师的“青苹果青春期教育师资培训”。2023年8月，我去北京参加面授，80多岁的陈一筠教授不顾自己的身体，恨不得把毕生所学教予我们；关承华老师在癌症晚期仍坚持上课，期待我们能接过他手上的接力棒……我被老一代教育家的教育情怀深深感动了，孩子们的青春期教育迫在眉睫，我们确实任重而道远。

学习，让我遇事更稳重，胸怀更宽广；由利我变为利他；由外求变为内求；懂得幸福从接纳开始；懂得宽容、倾听与理解，内心安静而平和。

活到老，学到老，我始终在成长的路上。

教书育人，为留守儿童撑起一把伞

班主任的工作十分琐碎，带学生跑操、上课，盯着学生吃饭、晚修，检查宿舍……如果没有爱，很难发自内心日复一日地教学生叠被子、洗衣服、整理房间，反复纠正他们的不良行为和坏习惯……但我相信爱如种子，只要我悄悄地种在孩子们的心中，他们以后即使不能成名成家，也能成为对社会有用的人。

撑起关爱之伞，帮助学生看见了不起的自己

我有位叫陈勇的学生，他1岁多时与一个小女孩玩沙子，突然，一个针尖似的东西扎进了他的眼睛里。他大哭不止，父母以为沙粒入了眼，仅滴了点眼药水就没再管。第二天，他的眼睛肿了，父母慌忙送他去医院，但已错过了最佳治疗时间。后来，他的左眼彻底失明，看起来怪怪的。随着年龄的增长，他变得冲动易怒爱打架，不仅厌学，甚至想自我放弃。

一天放学后，我把他带到办公室，握住他的手，温柔地注视着他说：“陈勇，在老师的眼里，你一直是个好孩子。老师一直很喜欢你。”

他疑惑地看着我。

“你看，老师的手机上有什么图标？”我晃了晃手机。

“苹果？”陈勇迟疑地问。

“对。你观察很仔细，这是一个被上天咬了一口的苹果。孩子啊，你太聪明、善良、帅气了，优秀得让上天嫉妒，忍不住咬了你一口。所以，你要记得你是被上天咬了一口的苹果。从今天开始，我们每天改正一个小错误，好吗？你一定会做得很出色的，老师相信你。来，咱们拉钩。”我冲他伸出小拇指。

“老师，我懂了。”他听了我的鼓励，眼神渐渐坚定起来。

每天，我都真诚地表扬他一次：“今天，小勇把教室的每个角落打扫得干干净净，谢谢乐于助人的小勇同学！”教室里掌声响起，只见他的眼睛红红的。

他偶尔冲动打架，我也尽力安抚他：“在老师眼里你是好孩子，没有人不犯错，知错就改还是好孩子，老师喜欢你。”

然而，小勇情绪激动的时候或者犯错误的时候，他的妈妈又痛苦气愤起来，甚至将这种怨气带给了孩子。有一次，情绪失控的小勇冲到小女孩家要跟人家拼命，得知消息的我立即放下饭碗去劝解。好不容易化解矛盾后，我知道光关心孩子是不够的，所以我陪同小勇的妈妈上父母专业课。后来，陈勇妈妈一有情绪就去泡课堂，慢慢地整个人也松弛下来了。有一天她跟我说：“林老师，我懂了，父母进步一小步，孩子进步一大步。”我这才松了一口气。

小学毕业后，小勇常常给我写信或QQ留言，倾诉烦恼。我总是真诚倾听，当好他的参谋。

有一天，陈勇微信留言说：“老师，我不敢看镜子。无论去哪儿工作，别人都向我投来异样的目光。”

我急了，立即约他见面，他只是沉默着，什么也不说。我也不说什么，就静静地陪着他。许久，他抬起头：“老师，这只眼睛好丑啊，我很自卑。别人都看不起我。我这辈子完了……”

他倾诉着痛苦与纠结，我认真地倾听着，在觉得合适的时候简单地说几句，一直投以理解的目光。最后，他紧紧地握住我的手说：“老师，我想通了，我好好做生意，做对社会有用的人。”我欣慰地朝他竖起大拇指：“对，你很了不起！”

现在，小勇有健康漂亮的妻子、可爱的孩子，生意很好。每次我去关照他的生意，他都笑眯眯地帮我挑最好的，细心叮嘱我：“老师，您要注意身体，不要太操劳，天天开心哦！”

虽然种下爱的种子很辛苦，但能看着它开花结果，又是多么幸福的事啊！

撑起价值观之伞，看见了不起的孩子们

年复一年，我将爱的种子播撒，它们像蒲公英一样飞到全国各地。

我常常跟孩子们说：“学习重要，做人更重要”“帮助别人，快乐自己”“做对社会有用的人”……我还跟他们一起诵读经典，看名人传记，讨论分析等。我尤其注重他们的品格教育，并尽力言传身教。

“林老师，教师节快乐！”每一份节日的祝福，都是一份爱。

“林老师，感谢您对我的关爱！记得有一次我的饭票丢了，您知道了，晚上煮馄饨给我吃。突然变冷的晚上，您半夜给我们关窗盖被子。谢谢您的照顾！”一封封信饱含感恩。

一上课便“肚子疼”的小宁现在是发型设计师，经常飞往全国各地教学；小荣辍学半年后返回校园，现在大学毕业后成了设计师；逃课的涛涛后来创业了，酒店开张时叮嘱我一定要去捧场……他们在不同的岗位努力拼搏，发光发热，为社会贡献着自己的力量。

一位家长打电话跟我说：“林老师，我家靖靖现在是大厨了。他初中毕业后外出打工，被老板辞退后身无分文，害怕我们责怪，只能在公园过夜。是林老师您一次次鼓励，一次次借钱给他，引导他走出了人生低谷。现在，我们都很感谢您，孩子很努力地工作，说要好好回报社会。”

我好欣慰。

我一直坚信每个人都是金矿，只要努力，每个人都将遇见了不起的自己。

【主编的话】

淋过雨的人，总想着为别人打伞。淋过雨，又受过遮风挡雨之恩的人，更愿意为大家撑伞。

所以，亲爱的你，请把自己活成一道光，因为你不知道，谁会借着你的光，走出黑暗。

亲爱的你，请保持心中的善良，因为你不知道，谁会借着你的善良，走出绝望。

成年人的世界总在下雨，这本《看见了不起的自己》也想成为那个为你撑伞的力量。

姓名：翁秀凤
城市：广东湛江
身份：心理培训师、中学心理老师
个人愿景：愿人人都能活得开心自在。

翁秀凤：心若向阳，便可开心

看见了不起的自己：欣然自喜

生活或许平凡，但只要我们用心去感受，就会发现其中隐藏着无数的小确幸。
珍惜当下，感恩生活，心向阳，自喜乐。

开篇语：

世界上不只有鲜花和春天，还有萧索和冬天。人生是一场旅途，谁也不知道下一步我们会迎来怎样的天气。人生无常，困局、逆境、创伤在所难免，但请记住：没有过不去的坎儿，只有过不去的心情。心若向阳，春暖花开。

我是天生的乐观派，别人眼中的“开心果”。我有个信念：世界是善意的，所有的人、事、物都是带着善意来到我身边的。或许你会好奇我是不是上天的宠儿，生活十全十美。其实，我只是一个普通的女性，也经历了生活各种苦难的洗礼，但我没有忘记心怀感恩，没有忘记对世界善意的感知。因为我坚信：我本就美好，值得世间一切美好！

自得其乐

从小到大，最令我难忘的是一次性获得6张奖状的开心场面。

那天天气晴朗，全校师生在树荫下举行期末总结表彰大会。当校长念到“翁秀凤语文单科成绩第一名”时，我开心地向领奖台走去。无意间，我发现在离我们不远处的树荫下，父亲在默默地注视着我。看到我走向领奖台，他露出了灿烂的笑容。拿到奖状后，我调皮地给父亲示意了一下，他更是笑得合不拢嘴。

我刚坐回座位，又听到校长念“翁秀凤数学单科成绩第一名”，我又开心地去领回来。“总分第一名”“三好学生”“优秀少先队员”和“积极分子”等奖项依次揭晓，都是我。就这样，我来来回回领了6次奖，每一次领到奖状，我都会骄傲地望向早已笑开了花的父亲。

回家后，父亲说他很早就到学校了，一直站在树荫底下想看着我拿奖。没想到我一次性拿了6张，他很骄傲。他兴奋地看看这张奖状，摸摸那张奖状，然后找来糨糊，认认真真地把这6张奖状贴在了我的专属奖状墙上。

这6张奖状，让我不仅尝到了天道酬勤的香甜，也看到了父亲对我追求进步的殷殷期望。虽然时光飞逝，但获奖时的情景和父亲欣慰的模样至今历历在目。此情此景温暖了时光，也温暖了我一辈子。

苦中作乐

遇事心境平和，善于感知美好，喜欢回馈善意，脸上笑容洋溢。这是我目前的生活状态——一种平静喜悦的状态，一种开心自在的状态。

开心是一种选择，痛苦也是一种选择，如果你听了我的故事，你会如何选择呢？

父亲患癌

天有不测风云，父亲39岁时不幸患上了鼻咽癌，那年我才3岁。从我记事起，父亲就在不断地放化疗、吃西药、喝中药，还接受其他形式的治疗。为了给父亲治疗，家里求亲告友，债台高筑。因为母亲要陪伴父亲住院治疗，大哥大姐只能辍学回家。

刚上初中的大哥成了渔民，用稚嫩的肩膀挑起了生活的重担。小学刚毕业的大姐，当她的同学还在父母怀里撒娇时，她就不得不像父母一样照顾起弟弟妹妹了。万幸的是，父亲的病情得到了控制。

“家人同心，其利断金。”父亲即使身患癌症，也从不怨天尤人，而是积极面对，心怀感恩；母亲尽心孝敬公婆，尽力照顾丈夫，全心疼爱子女，做好自己的本分；大哥勇挑重担，不怕苦累，毫无怨言；大姐从不计较，默默付出。就这样，虽然当时家徒四壁，但我们一家人团结一心，互相扶持，共渡难关，所以日子依然其乐融融。在这温馨有爱的家庭氛围中，我幸福快乐地成长着。

我患上了小儿关节炎

然而，“麻绳偏挑细处断，厄运专找苦命人”。7 岁那年，我患上了小儿关节炎。这个病可真折磨人！只要明天天气有变化，尤其是晴转阴雨，我的膝盖今天就开始痛，比天气预报还准。所以，一年之中有多少次天气变化，我的膝盖就会疼多少次。

记忆最深刻的一次，正在认真上课的我，膝盖突然剧烈地疼痛起来，我忍不住趴在了桌上。班主任吴老师察觉到我的异样，赶紧过来询问。得知我的关节炎又犯了，她马上停课和同学们一起轮流背我回家。回家之后，我的膝盖愈发疼痛，一向坚强的我顾不上老师和同学在场，忍不住在床上翻滚起来，号啕大哭。一屋子的人束手无策，只能默默地陪我流眼泪。

据市附属医院的儿科医生诊断，我是因为严重缺钙导致的小儿关节炎，如果不治愈将会引发心脏病。医生建议长期打针，每个月打一次直至治愈。不过治疗药物是进口药，又贵又短缺，一次最多只能买6瓶，还要放在冰箱里冷藏，买不到也是常事。

为了治好我的关节炎，父亲不顾自己的病痛，坚持带我到处寻医问药。

有时连续好几个月都买不到这种治疗药物，而关节炎又发作得厉害时，我就吃中药。每次熬好中药后，母亲都会把它端到我面前，贴心地叮嘱：“趁热喝，凉了更苦。”然后站在一旁默默地陪着我，直到我喝下那苦涩的中药。这样坚持了整整 8 年，我的关节炎终于被治愈了！

这 8 年与关节炎的抗争过程，虽然身体承受着各种痛苦，但也让我深深体会到了父母对我的全力呵护，感受到了哥哥姐姐对我的关心以及身边人的浓浓爱意。所以，我的内心依然充满着阳光，洋溢着幸福。

大哥走了

眼看日子开始有盼头了，上天又给我家丢了一颗雷——大哥出事了。

那天我正在教室里复习初一期中考试的内容，突然有人来找我。当她告诉我大哥溺亡的噩耗时，我一下子就崩溃了，眼泪奔涌而出，跌跌撞撞地向校门口走去，嘴里不断地喊“大哥”，幻想着是自己听错了。但现实是大哥遇到了风浪，船被打翻，他掉进了大海里，永远地离开了我们。大哥离去后，我们不仅承受着家庭变故的巨大心理悲痛，还失去了家庭经济的重要支柱，这让原本经济拮据的家庭更是雪上加霜。大哥的后事还是靠村里人的善心捐款及亲戚朋友的帮助才处理的。

返校后，班主任立即组织全班同学为我捐款。看着班主任送到我面前的饱含着大家关爱的捐款，我的内心暖流阵阵，除了感激还是感激。就这样，在家人的鼎力支持中，在亲戚朋友的贴心帮助下，在老师和同学的暖心关爱中，我重新坚强起来了。

经历了这件事，我再次深切地感受到了“在任何苦难面前我都不是孤身奋战的”，所以我要努力强大起来，回报每一份善意。

在历经多次苦难之后，我深深地感悟到：活着，就应该庆幸；活着，就值得开心！人生无常，困局、逆境、创伤在所难免。**如何才能苦中作乐呢？唯有转念！**面临不如意时，我们选择的反应方式会直接导致我们的情绪结果。选择对抗，就是选择了痛苦；而选择接纳，然后寻找其光明的一面，做好当下所能做的事情，开心便不请自来。我始终坚信：心向阳，乐常在，福自来！

助人为乐

上天的厚待让我拥有一颗敏锐感知世界善意的心，也让我有了向世界回报善意的责任感。在责任感的驱动下，我如愿成了中学心理辅导老师。在十多年的心理辅导实践中，我已帮助了 1000 多个青少年走出心理困境。其中，有一次心理辅导的情景至今令我记忆犹新。

那天阳光明媚，我和往常一样静静地坐在心理辅导室里，等待着来访者。

突然，门口出现了一个高高瘦瘦的女孩，神情有些忧伤。她礼貌地问："我想找您咨询一下，可以吗？"

"可以的，进来吧！"我赶紧热情地招呼。

她略微迟疑了一下，走进了辅导室。我微笑地领她走到个人辅导区的沙发处，并示意她坐下。刚坐下时，她似乎有些紧张，不知所措。

"你好，同学，请问你最近遇到什么问题了吗？"我话音未落，她突然号啕大哭起来。我没有说话，只在一旁安静地陪着她。

过了一会儿，她渐渐地止住了哭声，小声地抽泣着。

我递过去一张纸巾："好些了吗？"

"嗯，哭出来心里好受一些了。"她抬起头来，跟我对视了几秒，苦涩地笑了笑。

"能告诉我发生了什么事吗？"我温和地问。

"最爱我的外婆走了，我没有……没有见到她最后一面。"刚一开口，她又忍不住抽泣起来。

"外婆走了，你没有见到她最后一面，所以你很伤心，是吗？"我顺着她的话问。

"嗯，我从小是外婆带大的，她很爱我。可是她现在离开我了，我再也见不到她了，我再也见不到她了！"她再一次放声痛哭。

等她渐渐地止住哭声后，我又递过去一张纸巾："那你有没有什么话特别想对外婆说呢？”

“有，我有好多好多话想对她说。”她急切地回答。

“好，那现在翁老师给你举行一个告别仪式，好吗？”我搬来一张椅子，“现在，你把这张椅子当作你的外婆，把你想说的话跟‘外婆’说一遍吧。”

“嗯。”她迅速把身体转向了椅子，开始诉说对外婆的思念，“外婆，我好想您！对不起，我没能见到您最后一面……希望您在天堂里没有病痛，过得幸福！我会好好的，您放心！”我聆听着她对外婆的真情告白，不禁也湿了眼眶。

仪式最后，我让她对着“外婆”正式而庄重地说：“外婆，一路走好！”说完这句话后，她释怀了，不自觉地嘴角上扬，露出了甜甜的笑容。她笑了，笑得那么灿烂！这笑容，是对外婆离去事实的全然接纳，是放下执念的开心写照。

每年我都会收到学生们的祝福和近况汇报：“亲爱的翁老师，谢谢您的耐心倾听和开导，我的心态真的慢慢变好了，现在我很感恩，因为那些不如意让我成长！”

“感谢老师当年的开导，从那以后我对心理学一直都很感兴趣，所以后来研究生专业也选了心理学。”

……

他们的每一句“谢谢”，每一点成长都让我感动不已，喜悦无比。

“助人自助”是心理辅导最基本的原则。实践证明，助人自助是一个互助的过程，帮助别人就是帮助和提升自己，成就自己。帮助越来越多的学生走出心理困境，为他们的成长赋能后，我的内心也越来越富足、越来越快乐。

知足常乐

“你开心的秘诀是什么呀？”常有人好奇地问我。我开心的主要秘诀就是：学会感恩。开心，从感恩开始！

首先，感恩是一种生活哲学。当你心怀感恩时，你就会有意识地从“我要”

的外求状态转向“我有”的内求状态。不断外求，可能越求越匮乏；持续内求，必定越求越富足。其次，感恩是一种正能量。心怀感恩就会停止抱怨，接纳不足，发现美好，让你可以更好地处理自己与内心、他人及世界的关系。最后，感恩是一种良好习惯。学会感恩，会促使你习惯性地关注藏在生活中的小温暖、小美好或小快乐，关注事物积极的、光明的一面。

感恩的方法有很多种，我最喜欢的是写感恩书信。2023 年 1 月 2 日，在王茹老师的启发下，我萌生了写感恩书信的念头。借由感恩书信，我向父母家人、亲朋好友、恩师贵人正式地表达了我的感恩。

感恩书信的力量是巨大的。在写感恩书信的过程中，每当写到动情之处，我时常热泪盈眶，那种牵动我心弦的感觉依然存在，甚至更加深刻；在分享感恩书信之后，读者也感动着我的感动，幸福着我的幸福。有同事期待看到我的感恩书信，有朋友模仿我的感恩书信给亲人写信，有学生给我写了感恩书信，“金矿写作训练营”和《病由心灭》读书研习社的小伙伴们在我的激发和引领下，也加入了写感恩书信的行列……

王茹老师说：“翁老师的感恩书信，堪称一绝。”如此高的评价，我受宠若惊。当然，我有自己独特的写作心法：“三感”法则。

1. 感知美好

感恩书信必须始于心。只有心怀感恩的人，才能更好地捕捉到生活中的小美好、小温暖或小快乐。所以，善于感知美好是第一步，也是最关键的一步。而感知美好，须从学会感恩开始。

2. 感恩于心

感恩书信亦需落于行。每封感恩书信，都是对以往时光的镌刻，对曾经美好的定格。所以，只有铭记在心，感戴不忘，才能重现细节，打动人心。

3. 感情真挚

感恩书信更要易于言。正所谓真感情，好文章。感情真挚，既是对感恩对象起码的尊重，又是对写作“三真”最好的践行。所以，在写感恩书信之前，先酝酿好情感，然后真实地表达出来就可以了。

感恩，回馈了善意；感恩，滋养了内心；感恩，联结了彼此。越感恩，越富足；越感恩，越快乐。

神仙无他法，只生欢喜不生忧。其实，人人都本自具足，只要学会凡事往内看，向内求，觉察觉知自己所拥有的，心怀感恩，那么，你的内心便会越来越丰盈、越来越喜悦。

开心日课

诚然，人人都想开心。但开心不是天生就有的，它是一种高能量，需要做功的。那么，如何才能更加容易获得开心呢？对此，我分享一下自己的开心心法，希望能给大家带来启发与帮助。

心法一：开窍（提升身体的能量）

1. 时常微笑，调节情绪。
2. 亲近自然，多晒太阳。
3. 适量运动，保持健康。

心法二：开心（扩大心灵的容量）

1. 怀感恩，存善念。
2. 会欣赏，能包容。
3. 甘愿做，欢喜受。

心法三：开悟（提升灵魂的格局）

1. 一切都是最好的安排。
2. 面对困难，转念。
3. 面对不幸福，接纳。

请坚信：虽无十全十美的人生，却可以用开心的姿态过出十足美好的生活。

【主编的话】

谁都没有金刚不坏之身，每一个看起来从容淡定的人，都经历过翻江倒海与涅槃重生。

开心是一种选择，把圈子变小，把语速放慢，把心放宽，把生活打理简单，用心做好手边的事，看天上的月，吹人间的风。

春在树上，花在枝上，所有的美好都在路上。

姓名：郎冠芳
城市：浙江杭州
身份：退休人员，爱的践行者
个人愿景：让自己活成一道光，温暖更多人。

郎冠芳：披荆斩棘，磨砺芬芳

看见了不起的自己：披荆斩棘

人生如渡海，从此岸到彼岸，你拥有三把披荆斩棘的钥匙：
接受、改变、离开。不能接受就改变，改变不了就离开。

开篇语：

咳着出生的我被视为“克爹克娘的命”，一生多风雨，4次死里逃生。人生就是一场自卑与超越的博弈，人若能于痛苦中蜕变，在煎熬中成长，那么历经数次摔打后，终将遇见了不起的自己——“知世故而不世故，历世事而存天真。”

1954年农历12月，我出生在杭州。因为我咳着出了娘胎，婶娘说我是“克爹克娘的命”，已经有了两个女儿、想要儿子的妈妈就更不喜欢我了。

20多天时我被冻休克了，父亲将我送到省儿童医院后，我在保温箱里躺到第三天凌晨4点才有动静。在医护人员的全力抢救下，老天留下了我的小命，但收走了我的健康——我得了哮喘，各种病像影子似的缠着我……

勇敢与命运抗争——6 岁徒步回家

爸爸是省交通厅的工程师，连续 3 年被评为省“先进工作者”，我们家境还行。但有了弟弟后，妈妈因劳累染上了肺结核，抢救数次后，我家负了很多债。

妈妈身体越差就越执拗地认为我是“克星”，干脆在我 6 岁时把我送给了她乡下的闺密。不得不离家时，我一边擦眼泪一边眼巴巴地看着车窗外。

养母家和杭州家真是天差地别：我家就在杭州市中心湖滨浙江胜利剧院旁边的弄堂里，每天晚上可以听戏、看戏；而养母家的夜晚黑得令人窒息……养母对我挺好，但养父的眼光让我害怕，内心一直有声音鼓励我回家去。

想到就做，我先后两次跟着长途汽车走回家了。第一次回家后，妈妈又让养母把我带走了。第二次我跪在她脚下哭着求她，爸爸就劝妈妈：“你就把她当童养媳养吧。”于是我才留了下来。

人生的路很长，但要紧的就几步，我很庆幸自己那么小就敢徒步回家，拼尽全力留在了杭州，成了现在的自己。

卑微地长大——努力成为父母的骄傲

虽然留在了杭州，但我知道我是“多余”的，所以努力想得到大家的认可。

一家六口挤在 17 平方米的房子里，我很自觉地用竹榻打地铺睡在门口，早起晚睡，脏活累活抢着干。我 5 岁就开始生火做饭，每天一大早到菜市场捡菜叶，剁碎了喂养下蛋的两只母鸡。上小学后，暑假我就去卖《工人日报》贴补家用。妈妈怕我“克”爸爸，每年年夜饭都让我独自在楼下的公用厨房吃。

我从小就爱笑，因为大家都喜欢笑的孩子。我放学后先迅速干完家务，然后才去跳方块、踢毽子、跳绳。那时候，每天晚上到浙江胜利剧院听戏、看戏是我最大的期盼和快乐！

邻居、老师和同学们给了我很多爱。春游时，我的炒饭总是被偷换成面包、饼干、小苹果等。我是市少年宫舞蹈队的优秀队员，年年国庆节游行时，街道两旁人头攒动，我每20分钟换一次造型，站在彩车上唱：“我们是共产主义接班人……”

上学时我是班长，在浙江话剧团和浙江图书馆工作时都是省文化厅团委委员、单位里的团支部书记、中层干部……

小时候努力是为了得到父母认可，得到正向反馈后，我渐渐养成了凡事全力以赴的脾性，并因此受益一生——我意识到自己才是自己最大的贵人，也是最能依靠的摆渡人。

我从没恨过母亲，因为万一我“克着”爸爸，她没有工作，怕是养不活我们的，所以她疏远我不是为她自己。

原生家庭无法选择，但未来可以努力改变。

相信美好的事会发生

一直努力向前就会有美好的事情发生。

20世纪70年代初，20军文工团来校招生，能歌善舞的我顺利通过了所有考核。当女兵可是我最大的愿望啊，但妈妈一句“女儿不能当戏子”让我没去成。

后来，本该去内蒙古当知青的我又被浙江话剧团录取了。感恩李副校长亲自去我家家访，妈妈终于同意让我去了。那7年是我最快乐、最幸福的时光，大家同吃同住同演出，还去农村、工厂、渔村、部队体验生活，每年春节去部队慰问演出，看大海、看日出……

可好景不长，1977年5月至1978年2月，我先后经历“情劫”和生死劫，工作上又经历了从演员到工人再到图书馆工作者的角色转换，是我人生的最低谷。

体弱多病的我患有梅尼埃病，经常昏倒。1977年9月，因常年哮喘引发鼻窦炎，我动过几次息肉小手术，结果鼻子里的毛细血管破裂大出血。大姐夫立即将我送到了附近的一家基督教医院，我鼻子里塞满纱布仍然止不住血。血色素不到3克了，医生紧急下了病危单，不得不用最原始、最痛苦的方法——把纱布从鼻子里塞进去再从喉咙拉出来。昏迷中，我内心的声音出现了：“不要怕，勇敢点，坚持住，一切都会好起来的。”与此同时，我听到美妙的歌声从遥远的天堂传来，醒来后发现有 6 个嬷嬷围着我唱赞美诗，当时脸肿得不像样子的我心里感觉好暖好暖！她们每天给我唱赞美诗，陪了我整整一个月。

我打心底发愿：让这份大爱深深地扎根并把它传下去，让爱成为自己生命的主旋律！

努力学习——充电、赋能

我非常喜欢纪伯伦的一句话：“如果有一天，你不再寻找爱情，只是去爱；你不再渴望成功，只是去做。你不再追求空泛的成长，只是开始修养自己的性情，你的人生一切才真正开始。”

为了与时俱进，我于 1979 年学了科技英语，1982 年报考了中央电大汉语言学专业，1991 年又报考了中央党校本科经济专业。

古汉语、文言文和《道德经》《易经》等帮我打开了传统文化的大门；本科学的哲学和老祖宗留下的经典是相通的，都是讲万法归心、内因作用、对立统一、能量守恒、阴阳平衡等。这些知识让我不断觉醒，觉察，自救。

林语堂说：“读书可开茅塞，除鄙见，得新知，增学问，广识见，养性灵。”于我而言，书籍就像药，可以医愚，可以助人战胜困苦，助人不断成长和蜕变。

读电大时我刚生完孩子，工作、学习、带孩子、做家务一样都不敢落下，每次考试前都通宵复习，最后都以优异的成绩毕业了。当年，我们夫妻俩每天学到很晚，女儿耳濡目染，也很努力，大学毕业后在图书馆工作，钢琴也弹得不错，外孙女比她妈妈还优秀。

爱家人——做生命的陪伴者

都说“女人就是家里的风水”，作为女性，我对每个角色都全力以赴。

出嫁前，家务活我全包了，工资全部给母亲；出嫁后，我每月给母亲零花钱。有一年冬天，父母在不同的医院住院，恰巧我哮喘病发作，但我依然坚持给父母送饭陪夜，直到累趴下。

出嫁后，我跟善良的公婆处得十分融洽。我婚后第二天就下厨了，看着他们愉快地享受美味，听着夸赞，我开心极了，有一种被看见、被认可、被无条件接纳的感动。

42 年来，尤其是年三十前，我都牢记每个人的口味，烧好多杭帮特色菜，把对家人的爱融进柴米油盐中。日子简单，生活就温暖。

女儿高一时生病了，浙二医院的骨科主任诊治后当着孩子的面说：“还读什么书，都快要残废了……”真是晴天霹雳啊，我当时三天三夜没合眼，内心的声音再次响起：“不怕，勇敢面对，一定有办法的。”我们去了上海瑞金医院，在小旅馆苦苦等了 5 天后，专家们会诊后说：“可以读书，但不能参加任何运动……”那一刻，我抱着孩子喜极而泣。

2019 年，婆婆打电话说公公心脏病犯了，口吐白沫。我立即边打车边叫救护车。到家后公公已昏迷不醒了，我立即趴下去嘴对嘴做人工呼吸，心里呼唤着：“爸爸，坚持住，冠芳在，你一定会没事的……”坚持到救护车来后，医生直夸我反应快，应变能力强。公公连夜装了起搏器后抢救回来了，他开心得逢人就夸我救了他的命。

家里老人的临终关怀我也很重视。老人病危了，我悉心照料；去世了，我都会让殡仪馆拉灵柩的车绕着家—灵隐寺—西湖走一圈，我一路跟他们轻轻说话，让他们带着亲人的关爱安心地离去。

人的一生如走远路，山一程水一程，遇到什么事情都很正常。人生真正的美好和幸福，是在每一个阶段有一个问题解决一个问题，有一个困难迎接一个困难，当一个生命的陪伴者。唯有如此，才会“山重水复疑无路，柳暗花明又一村”。

人生是一种体验

这几年，我看到了太多的生死，认识到了其实最深的恐惧来自自己吓自己，最大的痛苦就是自己跟自己过不去。

例如，我腿摔坏住院后，认识了同病房的抑郁症病友。因房子拆迁得到的补偿不理想，她得了抑郁症，在家不小心摔断了腿后入院了。因蛋白质低、血糖高，腿吊了半个月才手术。她的老伴74岁，6年前因患膀胱癌开刀化疗过，24小时吃住在医院，照顾了妻子一个半月。每天一日三餐要喂，盐水要挂，还要帮她排大小便，真的非常辛苦。可他每天微笑着，平心静气地耐心照顾着……我看在眼里，感动在心里，那份宁静和超脱只有经历过生死的人才能做到。

我一生多病：哮喘、梅尼埃病、神经衰弱、脊椎腰椎严重的骨质增生、心脏病、高血压……但我从不把自己当病人，也从不暗示自己有病。我相信病由心生，病由心灭，相信疾病是疗愈自己的朋友，是拯救自己的良方妙药，一直积极乐观——外界无法改变，那就调节自己的心境。

世间的一切皆如流星般划过，我们何不让爱和希望、光明和喜悦贯穿我们的灵魂之旅呢？

爱的传递——给予

每个生命都可从内在开启宝藏，深层次内心富足的本源是光和爱。生命在于给予，所有给予都是爱的传递。

“给予”引领着我践行。因为曾经缺爱，所以懂得不被爱的心酸，现在我会毫不吝啬地帮助、鼓励、赞美遇到的有缘人。一位朋友创业需要资金，另外一位朋友的女儿因集资诈骗欠下了一身债，我都雪中送炭。年龄渐长，病友多了，我们就彼此关心，共同战胜疾病。我也赞美遇到的同事、个体户、保洁员、理发师、出租车司机等。单位里的春节联欢会、各种朋友同学间的聚会、国内外旅游途中、病房里……处处有我的歌声。

2022年8月20日，我不慎摔倒了，导致右脚踝三处严重粉碎性骨折，打了十几根钉子、两块大的钛合金钢板。11月初面部神经麻痹，12月染上新冠病毒后引发哮喘及肺炎，经历了这一生最痛苦难熬的日子……面对不幸，我以平常心坦然面对，转念、笑对病痛，乐观而坚强。看到病友们疼痛难忍，我唱歌、朗诵、讲故事以转移他们的注意力，转移痛点，鼓励他们战胜病痛……其实古人早就总结出了健康的秘诀：笑生阳，悲生阴，万病源于心。世间万物，皆有阴阳两面，保持乐观、良好的心态胜于任何良药！

赋能——一路向阳

生命体验的是过程，我每天都以感恩心、慈善心、欢喜心开启新的一天。自有微信开始，一年365天，我每天一醒来就向各个大小群及个人发送我用心编辑的问候祝福图片，我也会收到来自全国各地的祝福，这就是爱的小小流动。事虽小，可十年如一日雷打不动的坚持都是在加持能量，彼此滋养。

我每天早晨会在阳台上练腹式呼吸，让身、心、灵浸润在空旷的大自然中，净化、链接高维空间，从而感受到宇宙的力量，美妙而神奇！我坚持早锻炼，用心做好一日三餐，阅读学习，写点日记，时时反省；晚上则喜欢独处，打坐冥想，与苍天对话，与自己相处，如实观照，如实生活。尽量让自己生活俭朴，内心丰盈。尤其是面对出现的任何状况，我都会随时转念跳出来，始终相信一切都是最好的安排。

每个人都是个小宇宙，认识自己，了解生命，获取真知，获得自我生命的觉醒和觉悟。

十年前，我非常有幸结缘了《病由心灭》的作者，他是我的灵魂导师，感恩他每天给我的能量加持。正知、正念，跟高能量的人在一起，让高维能量源源不断地涌入心扉，让自己的心灵完全打开，允许、接纳、享受自己和别人的全部。我感恩珍惜所有的相遇，尤其感恩苍天对我一次次的护佑，因为不知道明天和意外哪个先来，唯一能专注的是每一个当下，而非已逝的过去和遥远的未来。

人生如渡海，从此岸到彼岸，中间需要不断地修心、修言、修行。要有足够的信心、足够的诚实、足够的无畏，放下执念，在意识光谱中发现真实的自己、真实的天地、真实的宇宙。人之幸福，始于心，终于心；欣赏远方的风景，用心经营眼前的人生，活出生命的意义和美好！

回首自己的故事，浮生不过梦一场，能够治愈我的从来不是时间，而是经历，是内心的那份释怀和清醒。

不管是过去还是现在，第一要无畏，不要怕，有勇气面对一切。第二是人生无常，接纳生命的全部。以无为心，行有为法，以出世心，行入世事。最后就是回归本心，只关注当下。随心随缘，随遇而安。正如王阳明所说：“人间道场，淤泥生莲，世间磨难，皆是砥砺切磋我也。”

人生就是一场修行。

【主编的话】

大家都在说，人生难过有三关——钱关、情关、生死关。但关关难过关关过，除了生死，其余都是擦伤。

你能想象吗，冠芳老师 4 次与死神擦肩而过！而她用坚强选择了改变，而不是回避。

所以，请一定要相信所有的事情到最后都是好事，如果不是，那就还没到最后 。

姓名：左小左
城市：福建三明
身份：朗读者、终身学习者
个人愿景：我用左手撑起一片天，愿是黑暗中的光，照耀你我。

左小左：左手拈着花，右手舞着剑

看见了不起的自己：左手指月

左手指月，右手望天，掌纹裂出了十方的闪电，正是右之缺，爆发左之光。

捡来一条命

5 年前的一个下午，我突然说不出话了。

那天我正在午睡，女儿到了上学时间，我想起身送她，却动弹不得，话也说不出来，只能一个劲儿地流泪。

女儿觉察到不对劲儿，赶紧叫来邻居帮忙。邻居陈姨二话不说就带我上医院，顺便打电话通知我姐姐。

医院第一时间判断我是脑卒中，并把我紧急送往省城大医院。途中，我慢慢地失去了意识。

在外打工的丈夫第二天傍晚才赶到。在 ICU（重症加强护理病房），我不会吃东西也不会喝水，鼻子里插着管子，特别难受，感觉一天就像是几个世纪那么长。

慢慢地，我恢复了一点意识，在一大堆文件上按过手印后，我在迷迷糊糊中经历了第一场大手术。

过了几天，护士长来检查我的恢复情况，对我说："恢复得还不错，下周拆完线，你就可以去康复医院了。"

当时我就愣住了：出了院不应该回家吗？为什么还要去康复医院？

很快，我就回过神来。身体给了我清晰的答案：不会走路，右半边动不了，我离正常活动可能还需要一段时间。

幸好，一条命被我捡了回来。老人都说："这次挺过去了，一切都会好起来的。"

我信。我的宝贝才上四年级，我要看着她长大。

与轮椅为伍的日子

在康复医院，我开始了与轮椅为伍的日子。

有一次，医生检查了我穿衣服和洗碗的动作后，跟丈夫说："她以后可能要用左手了，你现在锻炼她，让她生活能够自理，就很好了。"

我当时就气哭了。不久前我的右手还好好的，怎么可能就恢复不了呢？

我偏不信。我憋着一口气，天天认真练习。一个疗程过去了，我的脚依然没有知觉，但是我能够扶着栏杆站一小会儿，也能开口说三五个字了，这让我很开心。

后来，我慢慢扶着栏杆挪动，练习走路。虽然走得很慢，距离也很短，但毕竟这是一个新的开始。丈夫也很开心，跟隔壁病友和家属的话都聊得多了一些。

可是第二疗程快结束的时候，我就经常看他愁眉不展，早上只啃一个馒头，再喝一点我剩下的稀饭。

我心里猜到了七八分，问他："是不是没钱了？"

他犹豫了片刻，说："我们回家吧，在家里也可以慢慢锻炼。"

说实话，我也很想回家，也知道他已经尽力了，就点点头。

终于回到了久违的家。我们住三楼，起初，要靠丈夫每天抱我上下楼，后来我锻炼得能走动了，就自己小心翼翼地扶着墙走。

生病的时候是初春，夏天的时候，我已经能走动了，说话也在慢慢恢复。我很乐观，跟朋友说，到过年的时候我就好了。

丈夫天天陪着我，夏天带我去河边吹风，冬天带我去体育馆散步。就这样陪着我两年，我的脚依然是歪的，走路的样子也没什么改变。我终于意识到，中风比我想象中严重多了。

慢慢地，我不想有人来看我，恨不得自己被所有人遗忘掉。

我跟丈夫说，要再去康复医院，丈夫同意了。

靠自己爬起来

丈夫没有固定工作，陪着我两年时间，我又执意要去康复医院，家里很快就坐吃山空。

所以，有一天，他告诉我说房子卖了，我一点都不意外。我知道我这两年花了很多钱，而且我们还有些欠债和没还清的银行贷款，卖了也好。

那段时间过得很快，两个疗程后，医生说我可以出院了，可以回家训练，只要注意，不摔倒就没事。

我很开心，一切都在朝好的方向发展。

没想到 2019 年夏天，我又生病了。

那天晚上，我正看着电视，丈夫突然叫了起来："你怎么样？快起来去医院！"

我很蒙，发现自己又不会说话了，口水也不由自主地流下来。我勉强站起来，却走不动，但意识还是清醒的。

丈夫赶紧抱我下楼，我一直哭着，尝试用不听使唤的舌头向他表达：如果这次再中风，就不要再救我了。

我不知道他有没有听懂我这咿咿呀呀的语言，他并没有理会我，只顾着抢时间送我去医院。

在医院，我积极配合着医生的治疗，丈夫却四处为我打听着土方法。听人说针刺手指头可以好，便和心急如焚的姐姐一起，给我把手指、脚趾全刺了个遍。

很疼，也不科学，但给了我力量。我知道，他们爱我，需要我。

那一次，医生诊断说是心肌病，我住院住了一个星期。

就像这样，2019年我一连进了4次医院，整年几乎与床为伴。我时常会想：为什么会是我？我到底做错了什么？

没人给我答案。这是我自己的困境，我得靠自己爬出来。

向阳而生

这几年，我不断地倒下，又不断地站起来，像个孩子似的，学走路，学说话。难熬的时候，我整夜整夜地哭，但天亮之后，还是想跟命运战斗一把。

我知道我的病没办法治好，但我始终控制着自己的情绪，每天一边吃药，一边坚持锻炼身体。

曾经生无可恋的时候，听过这样一句话："无论结果怎样，都要向阳而生。"我被"向阳而生"这四个字深深感动着。

有时候躺在床上，我会想起因自己贪玩而挥霍的最美好的时光，想起那些没有完成的梦想。说实话，我非常感谢这场突如其来的病，它让我有时间去思考什么是生命，生命的意义在哪里。

生命的意义，是每个人自己赋予的。于我而言，生命的意义就是用力活着，珍惜眼前人，珍惜眼前事。

从去年开始，我终于摆脱了频频上医院的魔咒，不再出现明显病症，生活慢慢恢复正常了。

我开始看书，起初每次只能看两行，坚持到现在，每天可以读两个章节；我开始学着用一只手做家务，到现在可以一个人带孩子，可以正常做饭，我从来没想过我的左手能被我用得这么好。

丈夫又可以出门打工了，我们的小家回归了正常运转。这对于我来说是很欣慰的事情。

我早就摆脱了轮椅的束缚，除了不能出门，一切都很好。甚至我还能拿起手机，每天打 500 个字，向你们讲述我的故事。

人生再苦，也有盼头，我愿意在黑暗里寻找自己的光。希望素未谋面的你们，也不要轻易对生活投降。

寻光者

现在的我，像个孩子一样，每天用笨拙的左手练字，做着自己喜欢做的事。

我遗传了父亲的基因，在我小时候父亲就用黄泥捏各种古装人物，惟妙惟肖。

那时我们乡村没有人教画画，父亲无师自通的本事传给了我。他今年 84 岁，身体还挺硬朗，天气好的时候，会骑电动摩托车出去转转。

母亲遗传给了我这个病，而我的父亲却给了我画画的本领。

其实，以前我非常喜欢唱歌，以为唱歌是我的强项，没想到“有心栽花花不开，无心插柳柳成荫”。

从小父亲买素描书给我，我却没有珍惜，想不到现在我已经离不开它，每当执笔坐在桌前，心便会平静下来。

没有想过自己的左手会画画，现在看着那一片片竹子越来越好，又尝试着画荷花、牡丹花、紫藤花等，原来自己是可以做到的。

你也要相信自己，只要开始了，朝着一个方向走，总会“柳暗花明又一村”的。

“这就是我的样子，我愿意接受挑战，成为最好的自己。”

如果在困境中的你，看到我的故事，看到我画的画，看到我写的字，希望带给你一份力量、一片光芒。

我愿意将我左手画的书签赠送给你，带给你一份温暖和希望。

【主编的话】

罗曼·罗兰说过，世界上只有一种英雄主义，就是认清生活的真相后，依然热爱生活。

小左用自己的行动告诉我们，生活已经给予我们很多，好好活着，珍惜拥有。

躯体有尽时，灵魂无绝期。身体困在了原地，但灵魂永远滚烫。

姓名：王海波
城市：广东湛江
身份：德育主任、广东省中小学家庭教育指导专家委员会委员、中学正高级教师
个人愿景：坚守“莫误时光，莫误于己，莫误于人，莫误教育”的信念，秉持帮助孩子“寻找最好的自己”的教育理念。

王海波：看见，即疗愈

看见了不起的自己：看见你我

当你只注意到一个人的行为时，你没有看见他；
当你关注到一个人行为背后的意图时，你开始看见他；
当你关心一个人意图背后的需要和感受时，你真正看见他了。

开篇语：

“‘我们与父母中的一方界限不清，我们排斥父母中的某一方，我们早年经历了与母亲的分离，我们对家庭中某一成员产生了认同，而那个人并不是我们的父母。’以上任何一种情况都会阻碍我们实现自己的目标，它们会限制我们的生命力，损害我们的健康，阻碍我们获得成功。”

——[美]马克·沃林恩著，田雨馨译，《这不是你的错：海灵格家庭创伤疗愈之道》，机械工业出版社，2020.

看不见的世界

我家有 5 口人：爸爸、妈妈、姐姐、哥哥和我。

我自幼有两个习惯：第一是藏东西，我总是将零食吃一点、藏一点，被家人发现后，成了邻里的笑谈；第二是留东西，每次切肉也好，泡茶也好，都会习惯留一点……我想过改，但总会不自觉地重复。

为了搞清楚为什么会这样，我开始了寻“我”之路。

我

我是个多余的人——这一执念从小扎根于心。

我5岁左右时，奶奶坐在火炕上纳鞋底，我爬了几次都没能上去。奶奶对姑姑说：“你帮帮这可怜的孩子吧，他是你嫂子意外有的，本来不要的，吃了很多打胎药，但这孩子命硬，还是生下来了，你看他黑瘦黑瘦的。”

从那开始，一个声音便常常在我心里喊：“你的爸妈不想要你，你是多余的。”

于是我观察发现：哥哥姐姐过年时会有新衣服，而我只能穿他们的旧衣服；分水果时哥哥的大，姐姐的红，我的小；哥哥姐姐被领去亲戚家串门比我多；爸爸总表扬姐姐，妈妈最喜欢哥哥……

再后来，姐姐初中毕业就到县城跟外公学做生意，哥哥五年级就被送到外公家读书，而多余的我只能在农村长大。每每想到这些，我就会在被窝里哭。

姐姐有了城市户口，哥哥在城里读完中学后考上了大学，毕业后又回了县城上班。而我师范毕业那年本来可以保送大学的，但爸爸妈妈沉默了。因为哥哥那年读大学，“他比我重要”，家里穷，所以我成了被放弃的那个。我在地里走了很久，也哭了很久——我不再害怕黑夜里的孤魂野鬼和野兽了，因为“我是个多余的人”。后来，我回了镇里上班。

为了赢得爸妈的欢心，我冬天拉着雪橇捡猪粪、牛粪，回来后先给他们看看再堆在园子里；春天去挖野菜，切好了喂鸡、鸭、鹅，等爸妈表扬……再后来，我举家迁到了万里之外的地方。

也许是距离产生了思念和牵挂吧，哥哥姐姐说我走后母亲沉默了很多，两天听不到关于我及我家人的声音就会念叨：“你们打个电话问问，有吃的没，工作顺利不？人生地不熟的地方有苦也不会说。”哥哥说每次妈妈念叨时都很伤感，甚至流泪。后来听姐姐说南方的冬天湿寒，爸妈走遍了市场，买来一块毡子，给远在广东的我邮寄过来铺床。当我从邮政快递点拖着两个人才能拖动的毡子往家走时，感动得流泪了。

难道，妈妈是爱我的?

35 岁开始学习心理学后，我才明白藏东西、留东西是因为缺少安全感，有自我保护意识；爱表现也是缺乏安全感，想证实自己，怕被“抛弃”。

读完《这不是你的错：海灵格家庭创伤疗愈之道》后，我想跟父母好好聊聊。

暑假回家，我拉着妈妈的手坐在沙发上。我俩的姿势都很僵，我只攥着她的一个手指。我把积累了多年的心里话都跟妈妈说了，她也跟我讲了很多。我这才知道她深爱着每一个孩子，只不过在不同的环境和经济状况下，往往倾向于帮助最弱小的那个，这样每个孩子都能生活得好些。聊天中，妈妈一直望向斜上方的棚角处，眼泪顺着脸颊慢慢流下来。

姐姐没读过什么书，哥哥从小多病，而我虽然瘦弱但身体还好，后来又读了师范，也有稳定的工作，所以相对来说是让爸妈操心最少的。他们只是尽可能在有限的资源里帮助我们都能有份工作，有个家，过上安稳日子。而我一开始就自我植入了一个“我是多余的人”的偏见，所以不管他们对我做什么、说什么，我都会怀疑他们的爱。

自我的卑微，使我一直背对着阳光看向阴冷的黑暗，其实转过身去，我就在阳光里。从自卑到超越隔着一个“看见自己”的我!

现在，爸妈每年都来广东过冬。

现在，我的世界很暖。

你

家庭是每个人的第一所学校，父母是我们的第一任老师，大多数人教育孩子都模仿着自己被教育的经历。

一天，我接待了一对来咨询的年轻父母。他们读四年级的儿子以前成绩还不错，最近不爱学习了，还想方设法玩游戏、刷视频，而且会跟爸爸顶撞了，父母很愁。

我听了这位妈妈的叙述后，看向爸爸："您说呢？"

在一旁看手机的爸爸，听到询问后无奈地笑道："我无话可说，他妈妈说得都对。"

我为他俩分别递上一瓶水说："看样子，你俩教育理念差别很大哦！"

爸爸像是被我戳到了心结，立即吐苦水说："孩子不听话就要打，像他妈妈光讲道理没用的。"他在吐槽时，眼睛始终不看我。

我大概也明白了一二，温和地问："您跟自己的妈妈交流不是很好吧？或者说您小时候经常被妈妈指责或打骂？"

他突然看向我："您咋知道？我和妈妈关系不太好，我很少跟她聊天，因为没法聊啊，一聊她就说我这不好、那不好的。"旁边他妻子时不时偷偷给我竖个大拇指。

接着我继续问这位爸爸："事业是不是很不错？"他非常惊讶我是不是会算命，事实上他领导的团队是单位最优秀的。

我告诉他，我并不会算命，只是在他教育孩子的点滴中看到了真相而已。因为我们每个人在某种意义上都是父母"催眠"的结果，小时候母亲经常指责甚至打骂他，他就会对抗甚至会记恨，对抗和记恨会强化记忆；当他成人以后，特别是当了爸爸后，他越是优秀就越会自负地将自己成长的经验"传承"下去，这是潜意识的传承。

他认真听着，若有所思地点点头。

"我猜，您小时候父亲应该不太管您吧？"我又问。

他再一次惊呆了。他告诉我自己的妈妈很强势，总爱唠叨说爸爸不如别家的男人，父母开始会吵架，再后来爸爸就不回家了，也不管他。说到这里，他眼圈泛红了："当时我曾发狠：'我一定要对我的孩子好，要对自己的老婆好。'"他回头看了看妻子，妻子也含笑看向他，抚摸了一下他的头。他像一个孩子一样笑了，又低下头："可我，没有教育好儿子。"

这位爸爸继续说，其实妻子总劝他不要对孩子那么凶，但一看见孩子的状态他就沉不住气，就想打，其实只是希望孩子好好读书，将来过上好日子，至少比自己要好。但孩子现在不跟他说话了，他觉得自己很失败。

“哦，那您一定会很着急啊！”我回应他，“您现在跟妈妈关系好些了吗？”

“好些了，可以聊天了。”他笑了笑，“她不打我了，也打不动我了。现在还时不时表扬我有眼光娶了个好老婆，工作上也有些成就，比我爸强多了。”

“你妈妈打你骂你，你当时是怎么想的呢？”我顺着他的话问。

“她越打我骂我，我越想跟她对着干，越是赌气；她越想我做好的事情，我越不想做；打痛了，说多了，我就出去或者不回家。”他很快回答。

“是啊，打疼了还等着打，那就是有点傻了。您是什么时候开始不跟妈妈对抗的？”我开玩笑地引导他。

“是妈妈开始不打骂我、指责我了，我也就不再跟她斗了。”他略一思索后回答。

“对，您佐证了一个道理：力是相互的。其实亲子关系间的大多矛盾，就是控制与反控制的结果。父母想改变一个孩子的时候，往往正是以这样的方式强化孩子成为这样的人。”我顿了顿，问，“那您能否从与妈妈关系变化的过程中思考一下与孩子相处的方式呢？”

他沉默了好一会儿，试探着问：“我可以不打儿子，不骂他，欣赏他，表扬他，看到他的好？”

我笑着给他竖起了大拇指。

“那他还不行，咋办？”他又皱紧眉头。

“那如果您改变了，第二个问题也许就不会出现了啊！在近段时间，您可以主要唱红脸，关心爱护接送孩子，倾听孩子的声音，给予一些适当的回应，但尽量不对他的表达进行评判，可以适当引导，但不强加于孩子；妈妈尽量唱白脸，孩子的错误由妈妈督促改正；你们分别在孩子面前树立好对方的形象，让孩子感受到父母的好，适当在孩子面前秀秀恩爱更好。”我一说完，夫妻俩都不好意思地笑了，妻子又双手给我点了赞。

最后，这位爸爸说他跟自己妈妈的关系一直是压在心头的秘密，今天说出来后轻松多了，会按照我的建议回去跟孩子好好相处，并且会多跟爸妈聊聊天、散散步。

半年后，我们聚了一次。我可以感受到他们一家人的关系和谐融洽，孩子各方面都表现得很不错，爷爷奶奶也能经常一起去散步了。

席间，年轻爸爸说：“谢谢您波哥，是您让我看见了‘我本不喜欢的自己’，找回了我想要成为的自己，找回了爸爸妈妈，还找回一个可爱的让我骄傲的儿子！”大家听了，都哈哈大笑起来。

他

2010 年，我所在学校七年级的男生小文经常吐口水。书桌上、地上、别人和自己身上，到处都是他的口水。班主任找到作为德育处主任的我来咨询如何处理。

一天，小文上课时自言自语，声音盖过了我，我叫他回答问题，他又答不上来。我很生气，批评他上课讲话，他坚称自己没讲话，还跟我顶撞，最后我惩戒他站着听了剩下的课。

这样的事情发生几次后，我找了他的妈妈。他妈妈哭诉道：“孩子在家里各方面都很优秀，但从小就有随意吐口水的习惯，尤其是在五六岁以后，这种现象尤为严重。虽有一段时间得到了控制，但私下里观察，他还会吐口水，且经常自言自语，现在频次越来越多了。身边的同学都反感他，不愿意跟他同桌。”

我、班主任、家长一商量，决定吓吓他。我们先后在班级再到年级给他纪律处分，可他依然“我行我素”。再后来，家长给他买了口罩上课戴，吐口水的问题有所缓解，但他自言自语的问题还是无法杜绝。

于是，班、校、家成立了“小文好习惯养成督导组”，决心帮助他成为“好学生”。课上课下，前后左右都有同学盯着，回家由家长监护。

然而，一个月下来，他不但没有改变，反而会当着同学面故意吐口水，上课“乱说话”的现象也增多了。

慢慢地，他不愿与人交往，跟父母对着干，也不信任老师了。

有一天，我在一本心理学书上看到了关于婴幼儿口欲感的介绍，又找了相关心理学专家印证后，约了小文的妈妈："小文小时候是母乳喂养大的吗？"

小文妈妈一听就眼眶湿润了："我身体不好，母乳少，他吃了一个月就开始吃牛奶，一直吃到3岁多。我没经验，就按照牛奶配方等到点了才给他吃。他小时候总爱吃手吃脚，甚至吃被角、衣角，啥都吃，没办法，我只能将他的手捆起来！"

"哦，那就对了。也不是你的错，我也是最近才弄明白婴幼儿感知世界的第一器官是嘴巴，婴儿期口欲感不能被满足往往就会出现反常现象，比如吐口水、自言自语、说脏话、喜欢吃零食等。孩子吃手吃脚是在认识哪个是自己、哪个是妈妈，是孩子跟母亲分化的过程。"我解释道。

小文妈妈听完就哭了。

经团队研究后，我们决定从接纳小文的问题开始告诉他问题真相，告诉他没有错。

当小文被接纳和理解后，他放下了内心的抵触，对抗也慢慢消失了，对于别人给他的纠错言行也能积极对待了。不到半年，他的"不良习惯"消失了。

在近年的交流或者讲座中，我经常把这个故事讲给老师、家长们听："孩子往往不是问题，只是问题的载体。需要我们透过现象看到问题的本质，否则面对这些本不属于孩子的过错，教师和家长一起盲目且蛮横地去所谓帮助孩子'纠错'，往往会对孩子造成二次伤害。"

现在我还和小文妈妈保持着联系，她说感谢我让她看见了优秀的小文，他现在从美国留学回来在深圳工作。小文常说是我让他找到了自己，成长为优秀的"他"！

其实，成长的不只是小文。

我们

春渐暖，"两个黄鹂鸣翠柳""几处早莺争暖树"。

一位妈妈搂着孩子，两只大手握着两只小手“兜兜飞”，孩子笑得很开心。

其实人和动物一样离不开游戏。

有一天，我问家长们：“你们能经常带着孩子‘吃喝玩乐’吗？”

大家有些错愕：“吃喝玩乐？”

“是啊，人生就是活好这四个字啊！”我解释道，“按照马斯洛需求层次理论，吃喝是解决安全感的，大家一起玩可以找到归属感，玩着玩着就玩出花样，玩出水平，价值感就有了，人就开心起来啦！但你们是不是不喜欢孩子玩游戏？”

大家面面相觑，点点头。

我继续说道：“书本有云，‘游戏是所有哺乳类动物，特别是灵长类动物学习生存的第一步。它是一种基于物质需求满足之上的，在一种特定时间、空间范围内遵循某种特定规则的，追求精神需求满足的社会行为方式’啊！现在我们‘谈游戏而色变’，是因为我们脑海中认为游戏主要是‘电子竞技游戏’，其实游戏是人精神的本能需求，让我们和孩子一起游戏起来吧！”

大家听了仍是沉默，但希望会有所触动和改变吧。

我在很多场合问过：“您希望孩子将来过上什么样的生活？”

家长们的答案大同小异：“过上幸福的生活！”

我接着问：“那么您幸福吗？”

有的家长会被问住，有的家长回答：“那不重要，只要孩子幸福就好了！”

我反问：“如果您想给孩子幸福的生活，您都没有，怎么给呢？如果您都没有幸福的体验，如何教会孩子去感受幸福呢？”现场总是先沉默，进而爆发雷鸣般的掌声。

还是那句话，孩子只是问题的载体，当孩子出现问题时，我们要反思的是他的经历有什么特别的地方，家庭和老师的教育方法是否用对了。找到问题后，再有针对性地去调整。

我们总希望孩子幸福，但我们更应该帮他们找到适合他们的通往幸福的那条路。

致父母：愿来日方长，幸福安康。

致孩子：愿平安健康，快乐成长。

致自己：愿常怀感恩，勇往直前。

【主编的话】

我们这一代人，父母都不善于表达爱，因此我们总在“误解”中成长。如果我们没能觉察到，又会不经意间把这种模式传递给下一代。

虽然我们没办法改变父母，但我们可以尝试做合格的父母！以孩子为镜，彼此陪伴，彼此成长。

人生最大的教养便是，接受父母的平庸，接受孩子的平凡，接受命运的不完美。

姓名：曹艺
城市：山西长治
身份：社会工作者、人力资源管理师
个人愿景：用爱挖掘每一个人的优势。

曹艺：栽下梧桐树，引得凤凰来

看见了不起的自己：爱的回响

我愿意在有限的时间里，无限地爱着你。
在爱和被爱之间，我看见了自己，我感知了世界。

王尔德说：“爱自己，才是终身浪漫的开始。”人出生时什么都没有，长大后才慢慢地肩负起很多角色。每个角色都需要丰盈的内心去演绎，所以我们要找准自己的节奏和定位。

父母爱孩子，不能只给他富裕、舒适的生活，帮他解决所有问题，给他铺平未来的路……诚如高尔基说的：“爱孩子这是母鸡也会做的事，但要善于教育他们，这就是国家的一件大事了，这需要才能和渊博的生活知识！”所以真正的爱是给予孩子无穷的力量，教会他们如何战胜挫折和压力，如何用健康的爱来爱自己和他人。当孩子想到父母时内心就会充满力量，从而拥有克服困难的勇气和能力，以此获得真正的乐趣和自由。

父亲的咸菜

冬天来临前，北方人会腌一大缸芥菜。秋末时，爸妈便会买好多新鲜的、还带着泥土的芥菜块，还有很多姜、蒜、花椒等配料，洗净、晾干、切丝、浸泡……经过了烦琐的程序后，做好的咸菜能供家人从冬天吃到初夏。

现在的蔬菜水果一年四季都非常丰富，咸菜也可有可无，但是爸爸每年还会做，做好了就给我装进罐头瓶内放进冰箱。有时候我就在家煮一碗白粥，配一碟咸菜，咸菜的香和米香混在一起，非常美味；食欲不振的时候，咸菜淡淡的麻椒味在舌尖舞动，醋香也弥漫开来，令人胃口大开。

父亲的爱也如同这一碟咸菜，虽然看似平常，但经过时光浸泡后别有风味，足以让我用一生的时间去品味！

母亲是暖阳

母亲工作很忙，厨艺是她唯一不好意思提到的技能，只会做简单的素面条和焖面。如果来了客人，基本都是父亲下厨。

弟妹第一次来的时候，母亲提前好几天便开始查菜谱学做菜，说要亲自做几道菜来迎接准儿媳，并且还不要我们帮忙。后来母亲炒菜时边看菜谱边做，认真地拿着量勺测量，一丝不敢怠慢，结果还是没掌握住火候，西蓝花炒过头了。她偷偷处理掉后，还不承认有西蓝花这道菜。

母亲的焖面和爸爸的饺子是我永远都学不会的美味。我走得越来越远，吃到了各地的小吃和特色菜，但令我回味无穷的还是家里的味道，大概是因为饭菜中蕴藏着爱吧。

母亲很支持我学习和尝试新事物，鼓励我多出去走走看看，不要做井底之蛙。面对工作，她教导我：“认真对待工作，尊重每一个人，善于发现别人的优点，不要争强好胜，投机取巧。”面对生活，她说：“给自己种下好的种子，才能收获更好的提升！”

受母亲影响，我对佛法和传统文化非常感兴趣。她的包容和接纳潜移默化地影响着我。每当我内耗时，她便开导我："要以一颗善良宽容的心对待别人，常怀感恩之心，要心胸宽广，别自己在牛角尖里转着不出来，多想想别人的好处，不要一遇到事就揪着别人不好的一面，而忘记了人家很多的好。"

母亲宽容的胸怀教会了我要无私，她的善良教会了我要先利他，她平和的心态教会了我乐观。她给我们树立了良好的家风，给予了我无穷的力量，是我的榜样！

我很感激父母对我无条件的支持和爱，在他们眼里，我做什么都是对的。他们不催婚，不要求我必须做出什么事业来，而是允许我做自己。在我工作压力大影响到情绪和身体的时候，他们会和我彻夜长谈，劝我先停下来一段时间，调整好再重返职场，趁机去看看外边的蓝天白云，培养一些能陪伴自己的爱好。

因为没结婚，说我闲话的不少，但父母劝我说这些负面评价别放在心上，只要我身心健康、开心快乐就好。无论我走到哪里，想起他们心里都暖暖的。

很多人的父母都会"恨铁不成钢"地拿别人家的孩子来打压自己的孩子，甚至会因为孩子没考好而打骂、体罚、不给零花钱、不让吃饭……等孩子长大后就会把自己受伤害的原因归结到"原生家庭"上。这一生，很多孩子在等父母的"对不起"，而父母在等孩子的"谢谢"。明明那么爱对方，中间却隔了深深的误会。

现在我理解父母了，他们只是想让我们未来能少走一些弯路，因为吃学习的苦就能少吃生活的苦。那时候他们不懂儿童心理学，也不懂家庭教育，他们只是担心自己教得不好造成遗憾。他们爱着我们，只是表达方式不对。所以不要活在过去，要向前看，才能感受到幸福。

不知从什么时候开始，父母对我们的爱变得小心翼翼了，从曾经的无所不能变得软弱起来，但他们依旧会用省吃俭用一辈子攒的钱给子女买房，抠抠搜搜用省下来的钱养活三代人，不惜一切地为儿女献出全部。而那些"苛刻、节俭、爱唠叨、没本事、瞻前顾后"的标签，需要我们自己用爱和理解消化掉。也许当我们读懂父母的时候，已经来不及了。一代人有一代人的活法，父母也有他们的局限。既然没有完美的父母，而我们也无法选择父母，那就努力成为好的父母吧——按照你曾经希望的父母那样去爱孩子。

爱他：与光同行，向爱而生

作为一名社会工作者，我经常去看望和陪伴留守儿童，给他们带一些生活学习用品，和他们聊聊天。

每一个孩子都是上苍给我们的最珍贵的礼物，但有些孩子因上天格外疼爱而被用力吻过：有的看不见色彩斑斓的世界，有的听不到母亲温柔的细语……虽然越来越多的公益宣传让我们对弱势群体有了更多的了解，但弱势家庭、弱势儿童还缺乏足够的关爱和支持。

在一次公益活动中，当孩子们都在有序奔跑时，一个志愿者说他班里有一位坐在轮椅上的儿童。我们过去时那位同学正和好朋友、志愿者在画画。他是六年级的学生，但看着比同龄人瘦弱。老师说他通常都是上午上课，下午在家休息，性格比较内向，也不善交流。

我试着问他："同学，我先偷偷告诉你一个秘密，你先帮我保密，我们给全班同学准备了小礼物，你开心吗？"

"开心。"他有一丝胆怯。

"但是我想请你帮个忙，需要你来担任我们的小助手，你愿意帮帮我们吗？"我请求道。

"我？我怎么帮你们呢？"他眨巴着眼睛，小手紧张地握成拳头，好奇地问。

"是这样的，我们的志愿者哥哥都不认识同学们，你帮他一起发礼物，帮他认识同学们，好吗？"我说明来意。

"好的，我可以帮忙，我下午来学校！"他听完咧嘴一笑，开心地点点头。

下午，他向志愿者大声地介绍每一个同学，在我们的引导下，同学们收到礼物后也对他表示了感谢。就这样，我们单独为他润物细无声地临时设置了一些环节，他参与进来后也感到很自豪。活动结束后，家长和班主任都非常开心他能全程参与——终于融入了班级活动！

弱势群体并不单单需要金钱或者物质上的给予，他们更需要尊重和理解。在他们需要的时候，我们积极给予支持、理解和爱即可。我们不求回报地付出爱，自己也会内心丰盈。也许素不相识下一面之缘的善举，会成为一颗小小的种子，在他们心里生根发芽，开成一朵“爱”的花儿来。

现在大家的压力都很大，我们永远不知道一个失去理智的人下一步会做出什么，所以要学会消解自己的不良情绪，更不要有意激化矛盾。常言道：“良言一句三冬暖，恶语伤人六月寒。”出于善意的一句话和一个举动，或许可以拯救一个人；同样地，低能量的一句话、低情商的举动也可能会让一个已经伤痕累累的人崩溃，造成无可挽回的后果。

也许我们成不了救世主，但可以避免成为压死骆驼的最后一根稻草。

爱是涓涓细流，在它流经的地方，百草丰茂，万物繁盛。

自爱：先阅己，再越己

王尔德说：“爱自己，才是终身浪漫的开始。”人出生时只有自己，后来逐渐长大，慢慢地肩负起很多的社会角色。因为每个社会角色背后都需要丰盈的内心支撑，所以我们要找准自己的节奏和定位。

什么是自爱？对自己好，让自己吃好、睡好、保养好？给自己买很多衣服、化妆品？这都是表面的，而让自己的精神和身体都保持健康才是真正的爱自己。

爱自己是愿意给自己花时间去经历，不断地让自己成长，不要辜负任何一个让自己变好、变优秀的机会。学习是让人成长的不二法门，我们所有好的坏的经历，都是让我们不断成长的，都值得学习、反省、复盘、改变。

我们遇到困难的时候，不妨把“为什么这样的事要发生在我身上”的思维换成“这件事发生在我身上是来教我什么的”。这样一来，所有的疑惑和痛苦在当下都有了答案，因为这些所谓的困难都是来让我们成长的，只是当下的自己被困境蒙蔽，没有觉察而已。学习不是为了让自己努力成为“别人”，而是让自己成为更好的自己。

成本最低的学习就是阅读，我不会追求读书的数量，而是喜欢精读，有时候读一两页就入神了，进入心流状态，把自己放在其中浮想联翩。站在作者、站在巨人肩上放眼去看，学以致用，知行合一，把学习做加法，欲望做减法，安住当下，全然接受！

给自己找榜样也是很好的成长方式，我身边就有很多值得我学习的榜样，有的甚至比我还小很多，但他们对学习、对生活的热爱非常值得我学习和践行。

另外，还需要培养一个可以滋养心灵、补充匮乏、照见自己内心的爱好。它可以是书法、绘画，可以是健身、瑜伽，可以是钢琴、古筝，可以是剪辑、摄影，也可以是香道、茶道等。兴趣和爱好就是爱自己的介质，在我们独处的时候，可以有效地陪伴我们、滋养我们，让自己独处的时光更加有意义，而不是在一个人的时候会感到不安，想着去依赖别人。但不要为这些爱好所累，因为唯有热爱可抵岁月漫长。

爱自己是从心底里接受自己、了解自己，照顾自己的情绪，了解自己的每一个念头，带着觉知去感受自己；爱护身体、活出自我、笑对人生，追求精神和心灵的愉悦；和自己的内心和解，和自己的外在和解，不要让情绪一直藏在自己的身体里，不给自己添堵，不要把肮脏的东西留在心里。生而为人，活在当下，不要惧怕和逃避生活带给我们的风霜雨雪，因为经历过风吹雨打的小树才能茁壮成长，向阳而生。

我喜欢冥想。刚开始的时候，时间不会太长，给自己一个适应的时间，先找一个舒适的姿势坐下来，也可以点一炷喜欢的香，放一首轻松的纯音乐，进入放空的状态；后来开始学习阿斯汤加以后，我会加入一些呼吸法来进入冥想状态。我从来不会给自己任何压力，一直都是非常松弛的状态，不舒服了就退出，这几天没感觉就不做。我自律的前提是让自己在舒适的状态下享受般地坚持下去，所以我并不喜欢硬着头皮坚持打卡的生活工作状态，因为这样的对抗或许会在某个瞬间让自己崩溃绝望，从而质疑当初的坚持。

当然，爱自己不是自私的表现。只有拥有了爱自己的能力，才能有爱他人的能力。善待自己的身体，才能获得健康；善待自己的生命，才能获得美好的灵魂。

先爱己，而后爱人，成为更好的自己的目的，是为了让你周围的人受益。精神世界就像头顶夜空中的月亮，它不耀眼，却散发着宁静又平和的光芒。

栽下梧桐树，引得凤凰来。

庄子云：“物物而不物于物。”意思是利用物，而不受制于物。那怎么才能不受到物的牵累呢？细细品读，当我们不再看重事物的成功与失败，不怕失去，不怕被控制，反而会轻松驾驭更好的从心所欲。也就是说，当我们勇敢去爱，不求回报的时候，爱也会反馈回来。

爱不是通过努力得来的，一旦开始努力地去取悦、讨好、迎合对方而失去自我，让自我变得很压抑时，爱就消失了，这样的爱是没有意义的。如果你喜欢付出，那就好好地去享受付出的过程，而不是想着：“我对他这么好，他是不是应该对我更好？”

爱人、爱物、爱家、爱国、爱众生，遭遇挫折、遇到失败或者背叛后，不要因此让自己失去感受爱的能力。敬畏自然，可以静待花开也可以接受花落，可以享受缘起也能接受缘灭，一切朝前看，太阳即便会被云遮住，但黎明终究会冲破云霄。

2023年冬至已过，雪落下来了，旧的一年就要过去了。在迎接新年的时候，希望你：

学会告别：和过去的磨难告别，和过去的伤痛告别。

学会接受：不抱怨生活中的艰难、坎坷、苦难，不畏惧前路的黑暗，因为所有苦难终将成为你坚硬的铠甲。

学会出发：往事不回头，人生不将就，向善出发，向前出发。

人人自有定盘针，万化根源总在心。

却笑从前颠倒见，枝枝叶叶外边寻。

不管曾经我们遇到过什么样的伤害，都要学会放下，定的力量可以穿透很多复杂的状况，帮你以精神之不变应外在之万变。我们身体内有上亿个细胞，它们每 7 年就会更换一次，意味着我们每 7 年就可以“重生”一次。过去的伤害在那个已经不复存在的生命里，现在的我才是一个全新的人。

生命的历程好像写在沙滩上的字，一回头，便消失在海浪中，唯有爱，一直都在。与爱同行，让爱远航，爱如同春雨，滋养万物。不要把爱藏在心底，用行动去诠释，这样内在会更加富足而圆满。把爱释放并传播到每一个角落，让爱流动。

我们曾在世界上留下过足迹，体验过，人生就有了意义。

【主编的话】

爱自己，是让生命蓬勃不息的原动力。

当我们真正爱惜自己的身体，照顾自己的情绪，充实自己的灵魂，才能有信心去面对人生的种种变幻和风雨。

爱自己，并不是以自我为中心，而是在心底建造一座爱的精神堡垒，给予自己源源不断的能量。当你内在满的时候，自然而然就会想着给予，爱满自溢！

姓名：国小甜
城市：山西太原
身份：疗愈艺术家、花道茶道讲师
个人愿景：让宇宙能量照耀每一个人。

国小甜：宇宙浪漫，满心欢喜

看见了不起的自己：满心欢喜

成为宇宙美善的管道，坦然接受，畅然传递。
宇宙无限爱着你们，宇宙保护着你们，宇宙承载着你们。清净甜蜜，满心欢喜。

开篇语：

宇宙，这个古老而神秘的存在，以其无垠的胸怀拥抱着我们。它不仅赋予我们生命，更激发我们对未知的渴望，对存在的赞美。当夜幕低垂，星空如海，我们抬头仰望，心中涌动着对宇宙无尽的遐想。在这片星辰的海洋里，每一颗星都承载着浪漫，每一缕光都蕴含着欢喜。

在宇宙的广阔舞台上，我们每个人都是主角，演绎着属于自己的故事。宇宙会以星空、自然、山河等各种形式，启示我们：我们的生命是丰盈而富足的，希望我们时时刻刻保持一颗欢喜心。

如何获得这份“宇宙浪漫，满心欢喜”的启示呢？

“破情执”——破除我们心中的执念。当我们不再把情感偏执地投射在某个人或者某件事上时，我们将获得无上的自在，爱和能量会源源不断地充盈我们的内在。我们感到自性中的“本自具足”，会时刻感受生命中的欢喜。

我曾经也是非常有故事的人，当我破除自己心中的执念，感受这份“宇宙浪漫，满心欢喜”时，我想用散文诗和画来表达这份能量和爱。

祝福大家都能感受这一份“宇宙浪漫，满心欢喜”的自在。

有趣、美妙、丰盈的世间。
我们看不见的东西，创造我们看得见的东西。
宇宙无限爱着你们，宇宙保护着你们，宇宙承载着你们。
宇宙浪漫，满心欢喜。

艺术家

艺术家是宇宙的传讯者，
你们看到这些文字、画，
宇宙之爱通过我的手来传递出浪漫。

艺术创造美好

所有的术都是通向“道”的阶梯，
而艺术，是广阔、美好、充满无限力量的阶梯。
艺术表达宇宙最高级的智慧——创造力。
生生不息的爱、生命力、创造力是艺术和万物的本原。
在这个广阔的存在里，
你可以探索不同的维度、时间、空间，甚至创造既定规则外的一切，
一切都被允许和接纳。
生命即艺术，艺术即生命。

存在即美好

美作为一个引导，就是美；
没有人会抗拒美的东西。

美好本身是一个非常强大的能量，
你不需要刻意去做什么，你存在就好。
我很富足，我坐在那儿就是对这个世界最好的贡献。

当你内在的力量足够丰盈，
就可以，
让花成为花，
让自己成为自己。

“高能”的“我”

每一个人链接自己的内在天赋，
都能链接到“高能”的自己。
你要相信内在的“高能”的我，
我的底气从来不是来自我周围的人，
而是来自一个高维、无限的地方。
我知道有一个无形的浪漫，有一个无形的、全然的爱在那里，帮助我。
在高维的层面都是最好的。
我会记得一句很深刻的话：就是你不一样。

森林，地球的主人

果实和叶子落下，
看似是落下，
其实是新生命的开始，
这是连植物都懂得的道理。

中医与疗愈

中医和疗愈很相似，
前者疗身，
后者愈心，
这都是真英雄的游戏。

它们都需要让潜藏的症状和感受浮现，
让人去觉知、看到，从而不再重复。

这需要勇气、信任、智慧……

“平凡”与“非凡”

尽其所能地欣赏、享受，
并重视我们所处的肉身，
作为我们灵魂在此地此刻
物质性表达的最完美的体现，
每一个细胞都饱含源头之爱。

我们的活力，
我们的存在本身，
就是神性的表达。

经由对身体的使用，
我们可以实现灵魂的目的。
当我们和身体自我处于和谐时，
身体会积极地支持我们认识“自己”。

深入“人性”与“平凡”，
才会发现“神性”与“非凡”。

最好的养生

尊重万物各自独特的生命体验，
让自己成为自己。

人常说：
想要健康先放生，
想要财富先布施。
……
“慈善”是什么？
其实是“我有”的富足心态。
那么“放生”，
最先给予生命自由的
应该是内在的自己。

敏锐的孩子

找好自己的位置，
发自己的光，
不要做别人，
也不用去强行“适应”大部分规则和人。
自然会有懂你的人看到你的光，
自然会走出自己美妙的路。

心

是顶级的艺术家，
服务众生就是服务自己，
允许一切，
在宇宙蓝图里，
最好的安排。

也许和你了解的人间规则不尽相同，
允许
在其中看到祝福和礼物。

好的信仰、书写、关系……
都会让你的世界越来越广阔。

人天生具足神力，
那就是无限的表达和创造力。

发自己的光

在家庭中有一种潜意识，
叫作“如果我的爸爸妈妈不幸福，
我也不允许自己幸福”。
甚至“当我做了爸爸妈妈，
我也不允许我的后代幸福”。

常见语句：“我都没吃过这种水果。”
“你爷爷奶奶都没用过这么好的东西。”
……
无形中给孩子种下匮乏和不配得感。

所以说在原生家庭里最好的关系是
“我们相爱，但是意识独立”。

我尊重我的人生选择，
我也尊重你的人生选择。

一旦能想明白这一点，
孩子将不再把“不幸”归咎于原生家庭的幸或不幸，
父母将不再捆绑孩子走自己的人生旅程。

大家各自拿回自己的力量，
专注自己内心想要的。

发自己的光，
但不熄灭别人的灯。

落地生根，富贵人生

向下扎根，
向上生长，
链接天地之正气，
方可得富贵人生。
富且贵，是一种全息立体的感觉。
是的，感觉第一。
它是一种内心饱满、无所挂碍、全然信任、慈悲坦然……
感觉不对，无论外在有什么，都是称不上富贵的。
大自在的底气，来自心的富贵。

结束语：

心如工画师，
能画诸世间。
五蕴悉从生，
无法而不造。

每当我们抬头望向星空，那份宇宙的浪漫总能触动我们内心深处的欢喜。

星辰大海，浩瀚无垠，每一颗闪烁的星星都是宇宙深情的眼眸。在无尽的宇宙中，我们如同尘埃，却又奇迹般地存在，感受着宇宙的呼吸。

当你放下执念，你将会看见了不起的自己。

【主编的话】

看着小甜这些美好的句子，充满灵性，当你读的时候，瞬间心就安静下来。让我们一起赏山河辽阔，看日出日落，品人间烟火。

姓名：于高伟
城市：山西太原
身份：“爱儒·崇佛·乐道”理念创始人、干细胞智能化转型先行者、生物科技领域践行者
个人愿景：建立干细胞库，为他人的生命点亮一盏灯，也是一个个家庭的“破晓之光”。

于高伟：心发善愿，日行一善

看见了不起的自己：日行一善

日行一善，福虽未至，祸自远矣；
行善之人，如春园之草，不见其长而日有所增。

我叫于高伟，来自山东烟台一个普通的家庭。朴实善良的父母，为我铺上了一生中的生命底色，也由此种下了“慈悲”的种子，开启了我从“孩子王”到领导者的“飞驰人生”。

母亲相信“行善之家，必有余庆”，父亲相信“吃亏是福，人亏天补”。善良的家风无须什么大道理，在父母的言传身教中，我逐渐养成了“日行一善”的习惯。

孩童时，我就喜欢尝试一切新鲜事物，无论功课作业还是伙伴间的小游戏，都是当仁不让的佼佼者和指挥者，也自然而然成了被小伙伴信服的“孩子王”。学生时代，“求知”两个字如同血液般流淌在我的骨髓里。在完成大学学业后，我在美国田纳西大学攻读 MBA。二十出头的我已经成了公司的领导者，我将自己书中所学努力践行到工作中。我做过培训经理，做过某大健康企业上海、新疆、陕西、山东等各个分公司的总经理。2021 年，我来到山西就任某生物公司的总经理。这一年，我成立子公司，重新进行办公地选址，招募后勤团队，激励市场团队，业绩也迎来了爆发式增长……我深知，作为领导者，这个称谓赋予我的不是某种权力，而是服务、关爱我的跟随者们。企业管理的最高境界就是管理者通过自身修为，潜移默化地将自己的管理思想渗透到企业文化中，深远持久地对员工产生影响。我读王阳明，也深知“知行合一”，在大量读书和工作中，逐渐形成了属于我的一套“爱儒 · 崇佛 · 乐道”的理念，并将其渗透到我的日常管理中。

“日行一善”，时时发善心，时时积福德

我将“日行一善”践行到了生活中的点点滴滴。所谓善事，并不是要在形式上表现出来，关键在于发心。比如这里有条板凳，倒了碍人走路，就弯腰把它扶正放好，即一善。只要融入生活，细观生活，在生活中时时刻刻都可以行善事。

小温暖，也是大善

朋友心情不好找到我时，我都会静静地听对方把话说完，不急着提建议，他倾诉完之后，会从心理上感到安慰，心情上得到舒缓。在明白他的诉求后，我会更加贴近地去了解他的感受，用同理心去感受他的为难、伤心等。比如一个合作伙伴，在商场上杀伐决断，却在为处理婆媳关系头疼。听他讲完后，我立刻安慰：“这种纠结的感觉我好熟悉啊，当时兄弟我也是为这件事而大伤脑筋啊！”最后，我真诚地关心他的福祉，真的想帮助对方解决问题。由此一善，我俩渐渐成为工作生活中的挚友。

一次傍晚开完会，还有一些工作困扰没有解决，我就没有乘车，西装革履地走入了闹市的街道。思考之余，眼睛扫过一个头发斑白的老人，正在艰难地推着一辆挂满“工具”的小吃三轮车爬坡。我还没来得及多考虑，立刻快步追了上去，帮忙推车。紧接着，一张略带惊讶的脸回头，明白突然的轻松是因

为我的帮忙后，老人爬满皱纹的脸上瞬间绽放了一个腼腆的微笑：“谢谢你呀小伙子。”推上坡后，在他的一声声感谢中，我点头示意和老人告别。没走多久，刚刚困扰我的问题突然迎刃而解。

今年冬天，数九寒天最冷的时候，我带着加班之后的同事吃夜宵。已经深夜了，我看到一个身穿破旧军大衣、拄着拐杖的流浪乞讨老人正在垃圾桶翻捡垃圾。我没有思考，立刻叫来老板，用微信转了300元给他，请他帮我换成现金，让我的同事拿给乞讨的流浪者，虽然不多，也是自己的一份心意。老者双手合十向我弯腰感谢。对于我来说这是一件小事，或许真的温暖到了他。

“日行一善”的意义就在于积少成多，汇涓滴为江河，开始不明显，其后越来越明显。重要的是，“日行一善”人人都能做，并且能坚持做。那么，“日行一善”会给我带来哪些变化呢？首先，我日间安心工作，夜间安心睡眠，总觉得心旷神怡，胸怀坦荡。其次，心情转变后，病和烦恼都减少了。正如中国那句老话：“为善最乐。”

用心暖人，方得真情。

遇到开悟人心的好书，自己读得酣畅淋漓，我也会忍不住多买几本，把它赠给朋友、员工，让大家也体会其中的奥妙。朋友看完书后和我反馈：“《了凡四训》字里行间没半点含糊，没半点空话套话，全是实实在在可以证明的道理，字字珠玑呀！”听他这么说，我真的生出一种“赠人玫瑰，手有余香”的感觉。

“日行一善”，无为而无不为

《道德经》云：“道常无为而无不为。”孟子也说：“亲亲而仁民，仁民而爱物。”我总希望让企业文化独立于金钱和利益之外，更多地体现仁爱和人性的光辉。就像孔子所提倡的“仁者爱人”，仁爱是做人的根本，它不仅是一种人格情怀，同时也是一种非常具体的行为方式。

仁爱，是人格情怀，也是具体的行为方式

在和员工的日常相处中，我一直秉承着彼此尊重、彼此信任的理念。我会在每个节假日为员工挑选节日大礼包，还会附赠一份我写给员工的温度满满的“家书”，传达我对大家的感谢和对员工及其家人的祝福。我还会在每个季度为员工统一过生日，打造专属于我们的“浪漫”。每次看到大家拆礼物时露出惊喜的表情，我都觉得特别满足。

给员工成长的空间，是对员工最大的爱

我一直觉得，让下级因为你而成长，拥有正确的世界观、人生观、价值观，并且具备完善的品行，不断地成长，就是领导对员工最大的爱。

我每月都会固定用一部分钱来购买课程、书籍，充实自己。有一段时间下班后，我会在线上带着我的中高层员工一起学习一些经典的管理类课程，并且让他们完成“课后作业”，写学习心得。他们大多数人都有家庭和孩子，起初对于我占用大家的下班时间很不理解，也有诸多埋怨。我顶着压力，依旧让大家坚持学习。但随着课程的深入，大家也发现了课程的实用性和价值，开始变得主动学习，有些人甚至会问我课程有没有录屏，还能不能回放，想抽空再温习。对于理解和运用得特别好的员工，我也会以开会表扬和加绩效相结合的方法进行肯定和鼓励。我的管理一直在“尊重”和“激励”员工上下功夫，了解员工的需求，然后满足他。只有这样，才能激发员工对企业和自己工作的认同，激发他们的自控力，从而变消极为积极。

随手的转发，也是一种善意的传播

我会把日常看到的行业信息、管理启示、净化心灵等内容转发至群里。例如，一段时间大家都特别关注某主播的事件，尤其是他对王阳明知行合一的

解读，我就很欣赏，“把道理想通，把事情做好，不是说等想通了再做，而是在行中知，在知中行，做到知行合一”。我的总助本来对集团的新市场方案有诸多苦恼，不知道该如何实施。看了我发的视频后，她茅塞顿开，一边着手开展，一边思考下一步，就在这一步思一步行中，完成了市场工作的部署。有时候当你遇到瓶颈时，可能需要的就是别人一个善意的点拨。

员工被我的这种“善意”管理所感染，也都以实际行动回报公司，这就是“相互作用”的一个体现，也是儒家提倡这种“仁爱”思想所希望看到的一个结果，这种良性循环正是当代企业追求的目标。

生财有道，以大爱对客户负责到底

孔子曰：“富与贵是人之所欲也，不以其道得之，不处也。”我并不反对获取利益，但要用正当手段，要如孔子所强调的，生财有道，利己不损人。在市场经济发展的今天，每个人和企业都在追求利润的最大化，儒家强调的“义”恰好弥补了这一不足。所以，对待我的合作伙伴或者客户，我也秉承着负责到底的态度。

存储干细胞就相当于在存储未来的保障，我和我的员工说：“这关系到我们储户未来的健康，每一环节都要严加把控，不能出一点意外。”为了给每一位储户提供优质的存储服务和体验，我们的干细胞顾问在介绍时就要全面准确，每一次科普都要尽可能地惠及更多人，让更多人明白干细胞的重要性，也让“干细胞”这一未来科学走入寻常百姓家。

致力于打造让普通百姓用得起的干细胞

2021 年 5 月，我刚刚来到山西，在整理清楚各项工作后，发现山西缺少标准化的生物细胞组织资源库。于是 12 月我就马不停蹄地选址、策划、洽谈，为的就是让细胞组织库更快落地山西，为山西老百姓建立更便捷、更实惠的干细胞储存库。目前，该生物实验室已经严格按照国际生物资源库标准建成，也成了国内领先的综合生物细胞储存及生物技术研究开发基地，可以让更多储户放心安心地将细胞存储在我们公司。至今，我们已经在太原、北京建立细胞资源储存库及细胞制备中心。

同时，我也积极参与各类行业论坛，在朋友圈、视频号、抖音等新媒体平台推送干细胞的科普内容，努力通过我、通过我所从事的行业，让更多人了解干细胞生命科学，通过干细胞调理干预，让更多饱受病痛折磨的患者可以健健康康，有质量、有尊严地生活，再次开启他们的人生。这对我来说就是功德无量的大爱。

日行一善，此心光明，亦复何言

古人云："道阻且长，行则将至。"虽然道路险阻漫长，但一路前行终将会到达。王阳明临终时说："此心光明，亦复何言。"我有自己的信仰，所以坚持此生光明磊落、无愧于心，映照万物、渡己渡人。

干细胞，挽救一个人的生命

我的朋友看我日常在朋友圈发一些干细胞的相关知识，用当下比较流行的词语来说，就是被我"种草"了，在他太太生二胎时便存了造血干细胞和间充质干细胞。几年之后，他的父亲竟然用上了。随着年岁的增长，伯父的双膝关节由于几十年繁重的工作，早已不堪重负，就连日常行走都成奢望。膝关节这种程度的损伤，保守的治疗方法就是定期注射玻璃酸钠，来增加关节腔内的润滑性，减轻摩擦，缓解疼痛。但这个方法治标不治本，而且对他来说已经没有什么效果了。好在当时存了干细胞，伯父随即接受了双膝关节干细胞注射。手术十分顺利，过程一共 10 分钟，术后老人卧床观察半小时，没有任何不适症状，当天即出院回家。老人非常开心地说："手术不疼，就像被蚊子叮了一下。"治疗后的 4 个月，老人恢复得特别好，左腿疼痛完全消失，右腿还有轻微的疼痛，已经脱离轮椅，可以行走数百米。我当时真心

为朋友开心，也为自己选择这样一个可以带给人幸福感和成就感的工作感到骄傲。

最终，坚定了我在这个行业深耕决心的，是一名年仅 5 岁的白血病男孩的父母。他们通过朋友的朋友辗转联系到我们，想要看看我们公司是否有合适的造血干细胞可以匹配成功。毕竟是可以救人的事情，我们当下就联系公司的生物细胞组织资源库，为他寻找可匹配的造血干细胞。也许是冥冥之中的安排，真的很幸运，我们库居然找到了能匹配的造血干细胞！要知道，没有血缘关系的造血干细胞匹配成功率非常低，几万到几十万分之一才能成功匹配到一个。就是这样一个契机，间接地挽救了一个人的生命，给了他们全家新的希望，我更加觉得自己的这份工作很有意义。我逐渐将这份事业植根于我的灵魂，使其变成了我的使命。

有德有施，施者长乐

我一直关心、热衷于慈善事业。我工作后，就一直参与一些大大小小的慈善捐赠活动。我只要在朋友圈看到有人发出线上捐款，都会根据病情，尽我所能，捐出几百元到几千元不等。朋友常常感慨：“你真是行走的捐款机。”听到这么说，我都是默默一笑，或许骨子里的“向上向善”，让我看到“淋雨”的人时总想及时为他们“撑伞”吧。

去年，我通过朋友了解到“守护健康、童梦同圆”的项目，就是为一些残障儿童提供物质帮助。朋友圈孩子们一张张童真可爱的面容，一直牵动着我的心。我立马让助理与院方积极接洽，打电话，亲自拜访，了解院方所需，采购物资，带着公司员工一同前往医院，看望孩子。听着孩子说“喜欢新书”“新衣服漂亮”……我的内心无比满足，真心希望孩子们能够健健康康、快快乐乐地长大，永葆童真和笑容。

荀子有言：“积善成德，而神明自得，圣心备焉。”善良的人，是顺从天意，遵从人心，即便社会多变，依旧不会迷失自我。我始终坚信，做人要以善为基，

品行端正，慈悲为怀。所以，我和夫人商量过，未来将捐出自己 80% 的财富造福社会，力所能及地帮助需要的人，为社会留下更多美好。

【主编的话】

当我们行善，或只是生起一念善心时，由此产生的乐果未必立即显现，但由此带来的内心喜乐却是当下就能体会的。

我们所做过的、想过的事，都会在内心留下痕迹，形成力量。而这种力量正是影响未来生命走向的因。

心存善念，必有善行；善念善行，天必佑之。

姓名：王超
城市：河北廊坊
身份：印刷经理人
个人愿景：印好图书，结交天下朋友。

王超：锦上添花虽好，雪中送炭尤贵

看见了不起的自己：冬日暖阳

冬日暖阳，好日常在，人间烟火，谁能不爱。

王超的故事很特殊，他不会写也不太会说，但他有个特色就是“做”，所以王超的故事由王茹主编给大家呈现。

为啥要把他的故事放在这里？因为这个时代有无数个像王超一样的平凡人，做着不平凡的事。“有问题，找超哥”更是他的底色，希望你我都能成为不平凡的人。

2022 年，我们启动了“写作金矿”项目，这本《看见了不起的自己》就是核心之一，意在让更多人看见自己本自具足的样子！而王超就是这个项目雪中送炭的人。

2019 年，王茹老师写了一篇文章《有问题，找超哥》，里面有一句话：

超哥，也是最初的金矿人物的雏形。

踏实、靠谱、实在

和超哥认识是在十多年前，他是廊坊某印刷厂的业务负责人，我是磨铁图书品控，业务上一来二去就认识了。

后来创业，我们开始跟华联合作，毕竟负责人是我大学同学，联系也方便，和超哥联系就慢慢少了。

后来因为业务需要，我想备一家印刷灵活的厂，恰好有客户的内部资料要印刷，我联系了几家印刷厂，其中一家反应最快，联系见面。咦，原来是老朋友超哥，分外亲切。

超哥的报价非常优惠，而且质量也很不错。

踏实、靠谱、实在，这就是超哥。

口头禅：没问题

2018 年参加走吧网白石山自驾活动，我们公司是清一色的女孩子，正愁没有司机，大家不谋而合地都想到了超哥。哈哈，我们知道超哥最喜欢说："没问题！"后来，他真就开车过来给我们当司机了。

这一路才发现，超哥特别幽默风趣，超级会玩，拍摄水平一流，顺带帮我们航拍了图书宣传片。

大家调侃说："以后超哥就是我们公司的一员啦。"

朋友都是相处出来的，他不仅帮我们解决了特别多图书的疑难问题，平时我们遇到困难他也会出手相助。

一想到超哥说"没问题"，并带有标志性动作哈哈一笑时，我们心底都特别有底气。

一句"没问题"，照亮了我们，也照亮了超哥自己。

真朋友，是相处出来的

2019年，公司为压缩成本需要搬库房，员工都是女生，做体力活很吃力。没办法，只好硬着头皮找超哥。

超哥二话没说，不仅给我们当司机，帮我们安排看库房、搬库房，还帮我们砍价节省成本。在他的指挥和协调下，我们当天装了满满四趟车，搬了几万册图书。在这个过程中，他载着我们两边来回跑，招呼货车司机和叉车司机，还帮我们砍价节省成本。当时，超哥的形象真是顶天立地。

我记得特别清楚，搬完库房后，晚上就飘起了小雪。虽然天气很冷，但超哥却像一个小太阳，照得大家心中暖暖的。

按道理来说，我们和超哥只是业务上的关系，哪怕是朋友，帮是情分，不帮是本分。但超哥就是这样一个人，把客户当作朋友，甚至是家人。

2020年8月，我们去南太行山洽谈图书项目，超哥自驾带我们从北京到新乡辉县，走了南太行山的挂壁公路。

这一路上，超哥展现了他的镇定和驾驭力。自驾挂壁公路是有些危险的，而超哥在陡峭蜿蜒的路上一直开得稳稳的，就像我们的守护神。遇见一个超过45度的陡坡时，他一下子就冲了上去，我手里都捏着一把汗，惊叹他的镇定和驾驶技术。

真朋友总是在你需要的时候站出来，无须太多言语。

从那时起，我就想着，能遇到超哥这样的一辈子的朋友，倍感珍惜，心怀感恩！

不是亲人，胜似亲人

正是2020年8月那一次自驾，超哥像家人一样陪伴我度过生命中最重要的时刻。我想这不仅是朋友那么简单，他更像是兄弟一样的家人。

那一次自驾谈项目，是离家乡最近的一次。姥姥家离酒店只有两公里，伤心往事涌上心头，近乡情更怯。

正当纠结时，好像家人知道我要回来似的，哥哥给我打了一通电话，说四姨想我们了，边打视频电话边流泪。

挂上电话，我的眼泪一下子奔涌而出。恰巧谈项目时间推迟，超哥拉上我说：“走，一起回一趟姥姥家，看望下你的家人。”

两公里的路程是我人生最为沉重的一段距离，站在胡桥桥头，一眼就看到了我小时候最爱的姥姥家。我把眼泪咽下去，不让亲人看到。

我看望了大舅、大妗、二舅、二妗、三姨、四姨，后来去新乡市又看望了二姨和二姨父，还有我的表兄弟、表姐妹……我们家可是大家族哦。终于，我回了一趟老家。

8 年时间没有回家了，而这一切就这么自然而然地发生，让我一度哽咽，喜极而泣，也再次体会到家人的温暖。

回北京的路上，超哥和大喜在前面轮流开车，聊着天。

我在后面一边流泪一边写《回家偶书》，写了足足 4 小时，终于把这份思乡情怀放下了。

后来我们在车上聊起，超哥姓王，我也姓王，我亲哥叫王刚，姐姐叫王霞，我叫王茹，看来我们本来就是一家人。

超哥比我小几岁，但太有大哥范儿了，我们都习惯叫他“超哥”。

就这样，超哥像亲人一样一路守护着我们。

不是亲人，胜似亲人。

印刷书，找超哥

前面几个故事，听上去超哥太像朋友家人，有点“不务正业”，其实超哥做印刷业务是非常专业和负责的。

我自己也做过几年印刷业务，所以我能判断出超哥做印刷业务是真的专业。

第一，超哥为人热心坦诚，不是面上的，而是内心的温度。

第二，图书做得漂亮，业务完成得漂亮。

比如印刷厂给客户交样书，厂长直接把任务安排给超哥，而超哥既有大局观，还能很好地把握细节。作为专业人士来讲，我知道这背后的功夫一点不简单，要和工厂、工人、车间负责人、领导等通力合作，协调好关系，最终交出满意的答卷。

听上去好像这本就是他的工作，也没啥好推崇的，但我知道专业的背后是人品。

第三，及时帮助客户解决困难，让客户有业务第一时间就会想起他。超哥这点做得非常到位。

超哥绝不看人下菜碟，像我们做品牌图书属于小客户，但他没有因为我们小就怠慢。除此之外，他还像朋友一样，及时帮助客户解决困难。

只要是超哥服务过的客户，他们都能在需要时第一时间想起他。

这真不是一般人能做到的，这正是超哥为人处世的哲学。

逆境中的乐观

超哥喜欢自驾，喜欢玩，平时逗逗娃，养只狗，生活充满乐趣。家里有田，地里有“矿”，万事想得开。和他相处，真是让人如沐春风。

顺境中看不出什么，但逆境中就会有真知灼见。

当我困惑于这几年图书不好做时，超哥却非常乐观：“果树还有大小年呢，图书也是如此。今年不好过，明年就好过。我特别看好王茹老师，因为从骨子里热爱图书。因为热爱，未来一定越来越好。”

回看过去这几年，哪个出版企业和印刷企业容易？而超哥的印刷业务依然做得风生水起。

我问超哥：“如何做到印刷业务如此饱满？”

超哥特别朴实地说：“没有什么秘籍，从来都是少说多做。帮助客户解决问题，为客户承担责任。把客户的事情当作自己的来做……**客户都是暂时的，只有朋友是长久的。从心里把客户当作朋友看待，想他们想不到的事情，做他们不容易做的事情。**”

“希望你们都好，你们都好了，我们也会更好。我们好了，你们也会更好。”

把客户当作朋友，把朋友当作家人。

客户是暂时的，朋友是长久的，家人是一辈子的。

这是超哥的销售之道，也是为人处世之道。

超哥说：“我真的不太会说，也没有太多的文化，我就是愿意踏踏实实做好当下的事情。”

这些话很朴实，也没有大道理。他就是这样，心中时时想着，成就他人，帮助他人，脚踏实地做好每一件事。

超哥现在在廊坊整合彩色印刷、单色印刷、精装线的资源，共享资源，共享客户，客户越来越多，也越来越优质。

看似特别平凡的超哥，却让我感受到每个人都不平凡。

忽然想起一句话：我们每个人好了，这个世界就好了。

【主编的话】

回归本位，做好本分之事，本身就是一种成就。

不会说不要紧，没有太多文化也不要紧，只要愿意踏踏实实做好当下每一件事，我们就很了不起。

愿平凡的我们，一起成就不平凡的人生！

姓名：王茹
城市：北京
身份：资深图书策划人、青年作家网副总编、《病由心灭》读书研习社创始人
个人愿景：帮助更多的人实现“出书梦”，带领更多的读者一起“修心、修行、修言”。

王茹：因书而来，以书入道

看见了不起的自己：善书善缘

读书，世界就在眼前；不读书，眼前就是世界。
读书，不是为了改变世界，只是不想被世界改变。

开篇语：

“天长地久，天地所以能长且久者，以其不自生，故能长生。是以圣人后其身而身先，外其身而身存。非以其无私耶？故能成其私。”

我们以滋养他人的方式来滋养自己，方可生生不息。

很多人说：“图书以后会消失的，因为现在很少有人看书了，大部分都在看手机。”

我总是回答：“图书，永远不会消失的。”

为什么呢？

第一，图书是一个体系化、系统化的载体。如果想系统地解决问题，还需要阅读系列图书。

第二，纸质图书，五行属木，带给人宁静；而手机或者电子产品，五行属火，让人躁动。多读书，可以引发深度思考。

第三，图书是中国 5000 年文化传承的载体。左宗棠有一副对联："身无半亩，心忧天下；读破万卷，神交古人。"这就是思想传承的意义。

一本好书是一个时代的缩影，也是一个时代的痕迹。这也是我为什么要策划《看见了不起的自己》——"每一个人都是金矿"系列图书的原因，告诉读者"千万不要小看自己，因为每个人的自性中都有一个'了不起'的自己"。

人遇到问题总爱向外求，陷于"象"里，看不到内在"本自具足"的自己，**所以外求皆苦，内求皆定。**《看见了不起的自己》讲了 30 位平凡人如何看见了不起的自己，努力改变命运的故事。

《六祖坛经》有一句话："不离自性，即是福田。"

回归自性，你也可以成为了不起的自己。

所以图书永远不会消失，它能帮我们激活自性中强大的精神内核。

我从小与图书相伴，它引领着我成长和前行，也成了我的终生事业。

"今生因书而来，余生以书入道。"希望这句话成为我的人生写照。

今生因书而来

"河出图，洛出书。"

有关图书最早、最有名的记载，应该是"河图洛书"。

河图洛书是远古时代流传下来的两幅神秘图案，源自天上的星宿，蕴含着深奥的宇宙星象密码，被誉为"宇宙魔方"，也被历代认为是中华文明的源头。

汉代孔安国云："《河图》者，伏羲氏王天下，龙马出河，遂则其文以画八卦。"《山海经》中亦言："伏羲得《河图》，夏人因之，曰《连山》。"也就是说，最早的《易经》叫"连山易"，也是依据《河图》所创作的。

河图洛书，据说是银河地图和地球能量流动分布图，承载着中华民族认识世界的文化基因。

十多年前，我读了一篇文章——《河源即是文源》，提到了人类文明大部分发源于河流。我想到了老家的卫河，它是我童年的乐园，也是新乡市的“母亲河”，我特别喜欢沿着河岸看冉冉升起的太阳。后来我到了北京，家门口就是二环“护城河”，我有很多灵感都诞生在河边。

也许是冥冥之中都安排好了，我总是和“河流”在一起——河流也是文明的起源。而“图书”，也成了我一辈子从事的行业。

改变命运的三本图书

书，引领我打开一个又一个新的世界。

从小我就喜欢读书，哥哥姐姐的语文课本和家里的连环画都是我的读物。每年夏季，我们都要晒手工织布和图书，包括《钢铁是怎样炼成的》《简·爱》《红楼梦》《笑傲江湖》等。

图书是我的良师益友，那时没想到一辈子要和图书打交道，也没想到会被三本书改变命运轨迹。

第一本图书：《平凡的世界》的不平凡

初一是我的价值观和世界观初步建立的时期。我用一个假期读完了《平凡的世界》，边读边流泪，因为书中讲的家庭和我们家极其相似。它伴随了我的中学时代，在我人生中如同丰碑一样。

我无数次为少安和润叶的爱情而惋惜，为少平和晓霞的爱情而向往，灵魂的相遇，如此美好。

少平的故事告诉我：我们都是平凡的人，但平凡的人也可以拥有不平凡的人生。正是因为这句话，我立志要考上大学，去看看外面的世界。

我的人生座右铭是：我是一个平凡的人，平凡的人也拥有不平凡的人生。

我一直努力向上，考上了北京印刷学院，学习印刷工程。大学毕业后，我到了北京新华印刷厂工作，每天都泡在书里。后来，我去了磨铁图书，经历了图书企业飞速发展期，同时了解到一本书从策划、出版到上市，再到退市的全过程。

《平凡的世界》，让我拥有了不平凡的梦想，一路北上。

一本好书具有“改变命运”的力量。

第二本图书：《理想丰满》的理想

2012 年春节，我遇到了改变我命运轨迹的第二本书——冯仑的《理想丰满》。

冯仑老师说任何产业都不外乎三个模式：第一个是包工头的模式；第二个是加工厂的模式；第三个是导演制片的模式。这个观点启发了我，我也可以做图书的导演呀！

于是，我为自己找到了人生新方向——“独立出版人”。“如何让自己成为一个图书的导演，将一本书进行深度加工，然后将它上市，并做出它的灵魂来。”读完这本书，我决定开始创业。

第三本图书：《道德经》的“道”与“德”

《平凡的世界》让我敢于追求梦想，《理想丰满》让我敢于实现自己的人生价值。而第三本图书《道德经》，让我回归到“宁静”，踏上“寻道之路”。

2020 年，新冠肺炎疫情来了，世界按下了暂停键。之前我一直在奔跑，而疫情让我学会“止”。我开始深度阅读《道德经》并每天抄写，抄写了三遍。唯有阅读，方可宁静。

《道德经》说：“上善若水，水善利万物而不争，处众人之所恶，故几于道。居善地，心善渊，与善仁，言善信，政善治，事善能，动善时。夫唯不争，故无尤。”这句话讲了“善”，我觉得我的人生底色是“善良”和“真诚”。《道德经》中“上善若水”的“善”，指的是“遵循规律，顺势而为”。

《道德经》告诉我们“道”是规律，“德”是如何遵循规律；告诉我们要顺势而为，我们做事情一定要遵循规律，这句话成了我下半生做事的法则。

《道德经》让我从“奔跑”的状态升级到“深度思考”和“宁静”的状态。**我开始重新规划人生之路，做任何事情，和任何人在一起，都要遵循“生生不息”的原则，生发别人，同时生发自己，这样才可以“不息”。**

好像都是上天安排好的一样，当我准备突破时，或者当我心生困惑时，就有一本图书来指引我，像是冥冥之中有“书神”指引我“以书入道”。心怀感恩，心怀敬畏。

我对图书有着发自生命内在的热爱，也有着不一样的感知。这也是我踏上出版之路的原因。

余生以书入道

万事万物皆有灵性，只需要热爱、激发它。

热，是一种温度，带着热血去温暖它。

爱，给它心跳的感觉，赋予它生命。

2012年，我踏上创业之路，开始策划图书。每一本书稿，都如同一块原石。作为图书策划人，需要将图书的精神内核打磨出来。图书属于精神产品，唯有精神内核强大，才会熠熠发光。当一本图书具有强劲的生命力时，我也倍感欣慰，图书从此成为我安身立命的事业。

我非常珍惜遇见的每一本图书。

《病由心灭》：好书自带强大能量

《病由心灭》是我2012年独立策划的第一本图书，于2013年初上市，也是最滋养我的一本书。

做《病由心灭》时，除了一腔热情，还受益于一位非常专业的主编——黄艳华老师。我们在出版社加班讨论书稿，边讨论边赞叹。这本图书让我收获颇多，学会了反省自己。每当身体不舒服时我就反省自己，一定是有些生活方式或工作方式错了，让病由心生。

图书原本预计销售 1 万册，结果上市就是 2 万册的成绩，而且至今依然畅销。这对于一个新手图书策划人来说是一个非常不错的成就。

《病由心灭》带给我们 5 点启发：

第一，好书内容质量高，对读者有用，口碑好。口碑传播才会让图书生生不息。

第二，好书的每一页都让读者有收获，如同蛋糕每一口都好吃。此书编辑质量高，把每一个篇章的金句全部提炼出来，会让读者随处产生共鸣。

第三，图书不仅内容质量高，更加关键的是，找准渠道来传播。当时是 2013 年，QQ 空间流量巨大，我们联合明和师兄来推，他也确实影响了一大批读者朋友。

近几年，《病由心灭》也有不俗的销量，因为我们打通了抖音和小红书的流量渠道。

第四，好书会撬动优质资源，让优质资源主动来找你。因为《病由心灭》，我们结缘了陈先达教授、焦国成教授、孟亮老师等。《病由心灭》的作者也成了我的人生导师。

第五，善书结善缘。这个信念因为《病由心灭》而来，也奠定了我在出版行业的“善根”。

《病由心灭》自带巨大能量，而我理解透它，却是在经历过疫情后。当时读这本书，我忽然意识到“这个世界生病了”，而 10 年前的原稿开篇就是“这个世界生病了”。

10 年后，我又深度读了这本书，踏上了“修心、修行、修言”之旅，让我从“小我”走向“大我”。随后，我启动了《病由心灭》读书研习社，带领更多读者走上“修心、修行、修言”之旅。

2023 年，我最大的践行和收获就是启动读书研习社，遇见了非常多看似平凡而又“了不起”的伙伴。

悠呦鱼，我说她是我们读书研习社的“鲲鱼”，可以上天入地。在她的带领下，我们将《病由心灭》读书研习社的微信平台搭建起来，并开始“每日一修”的研习阅读。

李婧，她是自愿加入读书研习社共建团队的第二位伙伴，没有经验，全凭热爱来学习，现在是读书研习社社群管理员和辅导员，也是联合创办人。

丁丁，人生自信家，三宝的宝妈，是天生的无痕营销家，她带着强大的爱和使命来做营销。

九妮儿是一位幸运儿，经历三期读书研习社的学习，和解人生，绽放自己，进步超级大；周梅的海报制作和小雪的视频剪辑炉火纯青；立荣自动自发去管理社群；翁秀凤老师已经成为读书研习社的金牌讲师；还有金水、小左、千金为大家带来的默默付出和无痕宣传。未来，我们还会遇见更多优秀的伙伴。

大家在一起，做一件了不起的事情，让更多的人走向修心之路，就能为社会增添一份定力。

《病由心灭》是一本善书，疗愈了千万读者的心，我们因此结下善缘，生生不息。

《女人向上》《女子向阳》：好书会生生不息

感谢袁红艳老师的《女人向上》《女子向阳》这两本图书，帮我打通了“生生不息”的出书体系。

2019 年出品的《女人向上》是袁老师第一本代表作，一上市就立住了。因为书里有一股“向上”的力量，袁老师也是“女人向上”的代表人物，甚至为金富集团和全体员工赋予了一股“向上”的精神。

后来这本书生发了“向上书友会”，袁总纯公益举办，一办就是 4 年，办了 100 多期，在湛江颇有影响力。所谓非凡，就是在平凡中做出不平凡的坚持。

因为“向上书友会”，又生发了《女子向阳》。

我跟袁老师说：“《女人向上》《女子向阳》虽然不是非常火爆的畅销图书，但是它们具有生生不息的力量，像小火炖一样，慢慢散发出淡淡的香气，源源不断，生生不息。”

唯有“生生”，方可“不息”。

《茶经源》：以茶入道

《茶经源》让我深刻感受到：人算不如天算；无胜于有。

在深度策划这本书时，我厘清了后半生要做的事：以书入道。

2020 年，终南懒散人告诉我：想出一本解读陆羽《茶经》的图书。他这十年来走遍了陆羽千年之前走过的足迹，获得很多灵感，所以准备出一本读得懂，并且还原失传的三卷版《茶经》的书，而不是当今市面上的《茶经》10 章。

当我开始策划《茶经源》时，才知道陆羽原来是一名大阴阳家：茶，是他“入道”的法门。人在世间，其实每一个人都可以找到自己“入道”的法门——我也可以“以书入道”。

《茶经源》与市场上的《茶经》最大的不同之处就是它真正还原了陆羽先生的《茶经》三卷：齐物之道，茶之道，茶之决。茶仅仅是一个载体，《茶经》真正的内核是“齐物之道，假物修真”。

如何“以书入道”呢?

《茶经源》说：首先学会观物。

有三个层次：

第一层，以我观物；

第二层，以物观物；

第三层，无物无我，以道观物。

具体内容大家可以研读《茶经源》。

书里有个很精彩的小故事——“三癸亭围炉闲话”。

鸿渐曰：昔日火门山得闻，夫子曾闻祖言“说似一物即不中”之理。亚圣亦云“夫物之不齐，物之情也！”吾之所学，茶乎？气乎？尽物之理而矣。山巅者鲜言登山之行迹，借物修真，证阴阳之理，茶如是，书如是，万物亦如是。

惠达曰：若书之道，亦可齐物乎？

鸿渐曰：然也。习遗世之名作，以立己之书体，可谓之识常；能究字内精微，得书外磅礴之势，可谓之入微；赋字以神明变化，显生机世情，可谓之神入；书之极者，万化归一，一点灵光成字，天地纹理成文矣。

颜公：然。予幸蒙长史所授笔法十二意，堪称入微之学也。亦有神用执笔之理，藏锋透背，真草画沙，五年小成也。

鸿渐：齐物之道，不离方寸，工夫细密，皆在行持。

（齐物之道四境：识常、入微、神入、归一。鸿渐：陆羽的字。）

这段话含金量极高，值得细细品读。

终南懒散人花 15 天写完初稿，我花了一年半来打磨，力求让此书对得起“茶圣”陆羽先生的名号，感谢陆羽先生带我入道。

当然，在我的图书策划生涯中，也有非常多有趣而具有里程碑意义的图书。比如《学点哲学》，让我开始以体系化的出书模式来做到出书的“先赢后战”；《股权是 1》是在出书训练营诞生的图书，这本图书告诉大家，新手作者也可以出畅销图书。当然还有很多出书策划案例和故事，未来都会收录在我的《出书笔记》里。

中国古人讲人生三不朽：立德，立功，立言。冯友兰先生也讲过人生三件事情：立言，立功，立德。立言靠天赋，立功靠机缘，立德靠一生看似平淡的坚持。

其实我在策划《看见了不起的自己》时，也找到了我的立德之根，图书是立言的载体，记录的都是“立功”和“立德”之事。而我立志好好“修心、修行、修言”，这也是我的出书根基所在。

每一个人都可以创作一本属于自己的图书，它专属于你，记录你来过的痕迹，也可以成为你的身份标签，或者传播思想和方法的工具，或者讲述你的故事。也希望更多的读者通过《看见了不起的自己》这本书，真正看见了不起的自己。

每一个人，本自具足，通过磨砺，都可以成为了不起的自己！

小结："今生因书而来，余生以书入道"，图书是引领我的老师，是实现人生价值的载体，也是安身立命的事业。假物修真，无论是阅读图书、策划图书，还是操盘图书等，都是磨炼那一个"真我"的必要方式。

【主编的话】

我们都生活在互联网时代，思维被颠覆的频率远高于任何时代。

愿你我以广泛的阅读，打破思维的固执。

愿你我都能从阅读中越来越深入了解自己，看到更大的世界。

清醒时学习，迷茫时读书，独处时思考！

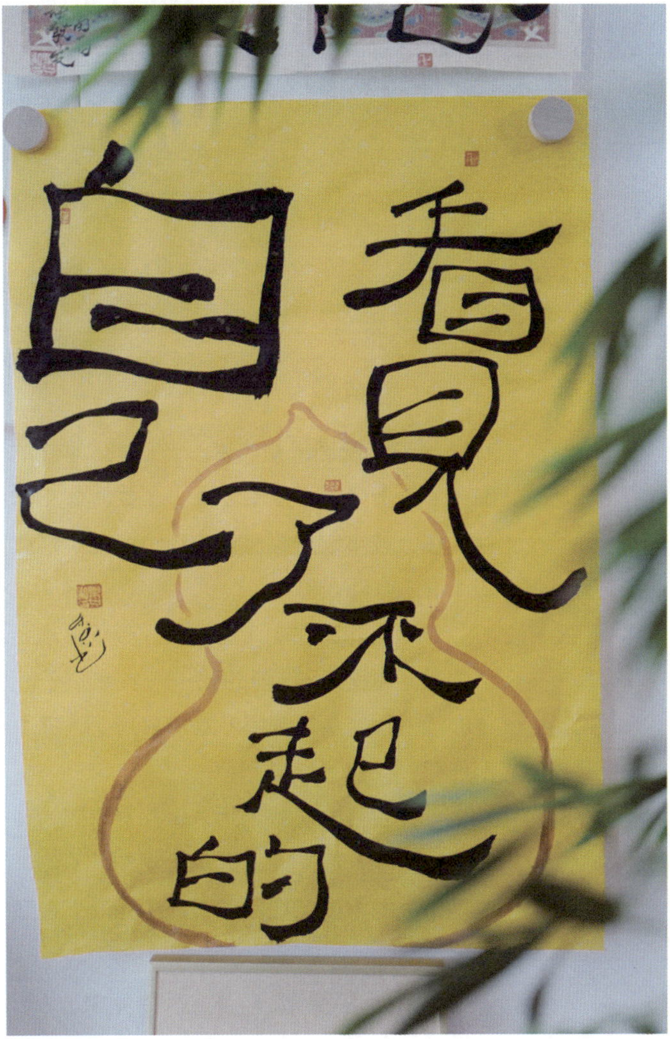
看見了不起的自己

后记

在这热气腾腾的人间，看见你自己

Postscript

2020 年我回母校演讲。老师说，现在的孩子很困惑：“考上好大学很难，考上了找到好工作很难，找到了在大城市定居买房很难……既然不能改变什么，那读书还有什么用？”

作为靠知识改变命运的我，听了很难受。因为问话的孩子就是 20 年前的我——农家孩子。那么，现在靠读书改变命运难吗？难啊！可是，哪个年代的人不难呢？

年已古稀的冠芳老师，十几岁时因为种种原因没能继续求学，后来读电大、读党校，不停学习，终于成了单位的中流砥柱。你看，优秀的人在哪个时代都不会被埋没。

我 2006 年毕业，二本，英语专业。为了活下来，我做过服务员……我是如何一步步成为就职于高科技行业的作家的，可以看我的《女子三条命》。

现在的大学毕业生更“卷”、更难，那大学毕业都这么难，考不上大学又该怎么办？

练习瑜伽 18 年，全网粉丝过百万的 Sherry 老师说："当你全然专注地做好自己、认可自己时，一切的资源都会涌向你。最难的是战胜自己。"曾经高考落榜，难过得不吃也不肯出门的她说："自信是可以练出来的！"

很多时候，不是因为我们看到了希望才去做，而是做着做着就看到了成功的希望。

早年因为穷而被迫辍学，1997在北京创业被坑30多万元，坚持还债并东山再起后，响应号召返乡创业的臧总说："所谓的成功，就是在平凡中做出不平凡的坚持，所谓坚持就是一次次迎难而上。无论遇到什么问题，都不要轻言放弃。"

所以，不管处于什么境地，坚持努力才能改变命运。而读书，不过是成本最小的改变方式之一。

人生在世，不如意事十之八九。无论你处于童年、少年、青年、中年还是老年，都会有各种烦恼。

当你被坎坷突袭时会怎样？不停地质问老天"为什么是我"？还是问自己"我从中能学到／得到什么"？人到中年的小左用她的经历回答你：5年前突然不会走路，右半边身子动不了了，在一堆手术风险知情书上签字后，经过大手术捡了一条命后却只能坐轮椅……她没有消沉，学习用左手做家务，还学习写作，文章上了"共青团中央"，现在又开始画画，画风清丽唯美，像极了她柔韧又坚强的内心。

如果你对现状不满意，请看第一部分"内求篇"；如果你觉得不幸福，请看第二部分"富足篇"；如果你想为社会做点什么，请看第三部分"光芒篇"。

是的，你遇到的问题，本书都有答案。

因为这是一本特别真诚的书，30位作者都在自己的行业小有所成，但是他们把自己最难堪、最痛苦、最黑暗、最不愿意被人知道的那段狼狈毫无保留地写出来了——不仅写，而且告诉你是靠什么信念或者方法熬过来的，是真心为你量身定做的方法论。

不擅长写作的作者们一次次讨论，听取大家的建议，一次次修改，像是怕得不到语文老师认可的小学生。大家是出版人、创业者、老师、中医、心理咨询师、警察、瑜伽老师、工程师、作家……白天太忙，为了赶稿子不惜熬夜，只为了与你坦诚相见。

没有谁的生活是爽文，一帆风顺只是美好的祝愿，坑坑洼洼才是真实的人生。如果你读懂了本书的大智慧，就能以此指导自己的生活，逢山开路，遇水搭桥，越来越通透。

诚如你所见，这本书的作者们都是在各行各业里稳扎稳打、努力发光的普通人，是在遭遇苦难时不怨天尤人、不屈不挠的普通人，是出身寒微但在追求梦想的路上不惜一切代价的普通人……只有他们，才有资格代表这个时代。从他们身上，你一定能看到自己的影子，看见了不起的自己。

最后，希望一切流经你的生命，但不会卡住你的前行。即使渺小如萤火虫，也要发光温暖自己，照亮这个世界。

感谢参与本书编写、出版发行的每一位老师。

感恩遇到您，让我们一起努力，奋斗在这热气腾腾的人间。

国辉于上海

2023 年 12 月 31 日

国辉：苏州市作协会员，青年作家网签约作家。已出版长篇小说《安宁》。长篇小说《琥珀姑娘》荣获“2021 全国青年作家文学大赛”小说组一等奖，散文《对不起》获“2019 知音故事写作大赛”铜奖。剧本《安宁》入围新华网和华谊兄弟联合承办的“2019 青年电影人培养计划”决赛。

跋

看见自己，我本光辉

Postscript

梓百和我聊天，他说：“妈妈，我有三个梦想。”

“第一个梦想，希望自己长大之后可以成为科学家和发明家。

“第二个梦想，希望长大之后可以自己盖一所大房子，按照自己的思路、用自己的发明来装饰它，要使用太阳能，用纯绿色、无污染、全自动的家具和家电，能源可以重复利用。

“第三个梦想，希望很多人可以崇拜我。为了实现它们，我一定要好好学习。”

我说：“实现梦想，不仅要好好学习，更重要的是看见自己的内在能量，链接内心深处那个了不起的自己。你无条件相信他，你永远鼓励他。妈妈相信你一定可以实现自己的梦想。妈妈一直非常崇拜你，你是妈妈的了不起的老师。”

我对梓百的梦想深信不疑，因为他从小就对科学和发明有着巨大的热爱，让我相信每一个人自性里都有一颗了不起的种子。

一个孩子可以看见自己，那么我们同样也可以！

你无条件相信自己吗?

你无条件接纳自己吗?

你无条件地链接了内在的自己吗?

你看见自己的本自具足了吗?

梓绮老师在直播间分享的一句话特别好:

真正的我

不是你眼中的我

也不是我眼中的我

而是我眼中的你

每一本图书都如同我的孩子,我像爱梓百一样,用生命去爱每一本出品的图书。正是因为有了这份爱,我创造了无数个"书孩子",同时我也拥有了无数位生命老师。

如何看见自己?

这是《看见了不起的自己》最重要的使命和价值,也是读者朋友们当下的功课。

本书30位平凡的作者讲述了自己不平凡的故事,帮大家通过故事来照见自己,总有一个故事可以让你看见自己的影子。

在30个故事中,每一个人守护一个"看见"关键词,只要你认真品读,一定会有巨大的启发和收获。

"看见"关键词如同一个又一个灯塔,希望它能引领你回归内心的自性之路。

我们把回归自性之路分为三段:

内求——一切向内看;

富足——知足感恩;

光芒——微光照耀他人。

希望这一路上带给大家无限的惊喜和爱的感动。

怎么践行“看见自己”？

《看见了不起的自己》其实不仅仅是一本图书，还是一个人能“看见自己”的机缘，同时通过这本图书，我们将打造一个能量场。

我们从 2022 年 11 月开始启动这本图书，打磨了两年。这 30 位作者在打磨中不断看见自己，不断内求，不断感知富足，学习发光。

其间，我们的直播访谈做了 3 轮，我打磨了不止 7 遍，还在终南山闭关半个月。后来书名由《每一个人都是金矿》更名为《看见了不起的自己》后，我们又开始打磨书稿。在关键时刻，教练杨雪老师站了出来，带领着大家一个一个故事重新过了一遍。她用一双慧眼看见大家的闪光点和不足，又一次提升了书稿的质量。她在提升自己的故事时也是潸然泪下。感动自己，方可感动读者。

国辉老师为大家逐字逐句完善，提炼故事的精彩和闪光之处，断断续续熬夜一个多月。

在这个过程中，我们看见了自己，看见了大家。

其中也有无数个伙伴的付出：李婧老师在最后一次书稿通关时，开始陪大家一起跑；梓绮老师参与故事引言的编写；吴丹老师鼓励大家与先祖连根；宝藏姐姐臧永芝女士非常忙，但不知疲惫地将访谈做到了深夜，让我们真的体会到了“格局都是委屈撑大的”……做这本图书的感动之处，太多太多。

做了这么多，我们只为一个初心：**让更多的读者通过这本图书，看见内在了不起的自己。**

图书上市时，我们将随书赠送读者朋友们“看见了不起的自己”公益课程，建立“慈柔如水能量生态圈”，希望带领大家深度践行。未来我们也会陪伴着大家，看见了不起的自己。

这本图书，每一个文字里面都流淌着爱，这也是 30 段平凡人生中不平凡的爱的表达。我们也希望让更多的读者朋友们看见，并因此结缘。

《看见了不起的自己》，这是一本属于平凡人的不平凡的图书。

平凡，因为只有回归平凡，接纳平凡，我们才能看见内在“本自具足”的自己。

不平凡，因为我们敢于非凡，敢于打破自己，敢于内求，敢于挖掘内心深处了不起的自己。

《看见了不起的自己》拥有专业的策划老师、才华横溢的主编老师、优秀的设计师、高品质的纸张装帧等。因为平凡的人们，一直在默默发出温暖的光芒，默默照耀他人，有些故事不记录下来，永远都不会有人知道，而恰恰他们值得一切闪耀的光辉！

心怀感恩，感恩这 30 位余生一起同行的可爱可敬的作者们。

感恩遇见未来更多的读者。

感恩即将遇见的未来更多了不起的你们。

一起同行，未来可期；
看见自己，我本光辉！

王茹于北京
2024 年 2 月 28 日

主编有话说

你有没有发现，我们常常眼里都是别人，从小就被拿着和别人家的孩子比较，久而久之，我们也习惯与人对比，希望自己得到更多。然而，得到更多后，我们就真的会更快乐吗？

你有没有发现，每当我们深陷困境时，总习惯于向外求，希望能借助外力尽快走出泥潭。然而，向外求时除了寻求一点心理安慰，真正又能帮助我们多少？

是谁说过，不曾夜半痛哭过的人，不足以语人生？对的，这本书的作者们都曾经历过至暗时刻，他们也曾怨恨、痛哭、无助、焦虑……扛过来以后，他们决定写下自己的故事，为你点亮心灯——帮你看见那个了不起的自己，助你一路披荆斩棘。

当你被迫内求去激发自己的力量时，你才能深深理解向内求带来的踏实、骄傲和幸福；当你看见自己、理解自己、提升自己时，内在稳定的力量感能助力你跨越一个又一个人生难关。

时代的车轮滚滚向前的时候，我们习惯用宏观叙事来阐述、观察和记录这个时代，比如大人物的峥嵘岁月总令人慨叹，大事件的跌宕起伏尤其吸引眼球。但在默默无闻的角落里，小人物的柴米油盐才是时代的烟火气，比如你我。

看到这里，相信亲爱的你有自己感动的故事，想与大家进行分享；相信亲爱的你也有很多话想说，很多故事想诉说；相信亲爱的你希望把自己的经历写成书，发自己的光，也为别人掌灯。那请奔向我们吧！

在此呼吁，无论你在哪里，无论你在何岗位，我们都想邀请你一起来诉说属于我们这个时代的故事，见证彼此，成就彼此。

最后，感恩我们伟大的祖国，感恩生长的这个时代，感恩遇见！

杨雪于山西

2024 年 3 月 10 日

《看见了不起的自己》，

希望引领更多的朋友看见了不起的自己！